Andreas Reumann

Transiente und stationäre Potentialverteilung in Gleichspannungsdurchführungen bei thermischen Belastungen

Ilmenauer Beiträge zur elektrischen Energiesystem-, Geräte- und Anlagentechnik (IBEGA)

Herausgegeben von
Univ.-Prof. Dr.-Ing. Dirk Westermann
(Fachgebiet Elektrische Energieversorgung) und
Univ.-Prof. Dr.-Ing. Frank Berger
(Fachgebiet Elektrische Geräte und Anlagen)
an der Technischen Universität Ilmenau.

Band 31

Andreas Reumann

Transiente und stationäre Potentialverteilung in Gleichspannungsdurchführungen bei thermischen Belastungen

Universitätsverlag Ilmenau
2021

Impressum

Bibliografische Information der Deutschen Nationalbibliothek
Die Deutsche Nationalbibliothek verzeichnet diese Publikation in der Deutschen Nationalbibliografie; detaillierte bibliografische Angaben sind im Internet über http://dnb.d-nb.de abrufbar.

Diese Arbeit hat der Fakultät für Elektrotechnik und Informationstechnik der Technischen Universität Ilmenau als Dissertation vorgelegen.

Tag der Einreichung:	06. Februar 2019
1. Gutachter:	Univ.-Prof. Dr.-Ing. Frank Berger (Technische Universität Ilmenau)
2. Gutachter:	Prof. Dr.-Ing. Andreas Küchler (Hochschule Würzburg-Schweinfurt)
3. Gutachter:	Dr. Bernhard Heil (HSP Hochspannungsgeräte GmbH, Troisdorf)
Tag der Verteidigung:	17. Dezember 2020

Technische Universität Ilmenau/Universitätsbibliothek
Universitätsverlag Ilmenau
Postfach 10 05 65
98684 Ilmenau
http://www.tu-ilmenau.de/universitaetsverlag

ISSN 2194-2838
ISBN 978-3-86360-241-3 (Druckausgabe)
DOI 10.22032/dbt.48731
URN urn:nbn:de:gbv:ilm1-2020000717

Kurzfassung

Sowohl in Deutschland mit der Anbindung von Offshore-Windparks, als auch international gewinnt die Hochspannungsgleichstromübertragung (HGÜ) zunehmend an Bedeutung. Gleichspannungsdurchführungen stellen dabei aufgrund der elektrischen und thermischen Eigenschaften ihrer Isolation einen leistungsbegrenzenden Engpass der Übertragung dar.

Die Temperatur eines Dielektrikums hat einen starken Einfluss auf die zugehörige elektrische Leitfähigkeit. Durch die in Durchführungen vorkommenden hohen Temperaturgradienten können die, teilweise um Größenordnungen, veränderten Leitfähigkeiten einen starken Einfluss auf die Aufteilung des elektrischen Potentials nehmen, das damit deutlich vom Auslegungsfall abweichen kann. Bisher wurde die Verschiebung des Potentials nur durch Simulationen ermittelt und noch nicht experimentell nachgewiesen.

Von besonderer Bedeutung für diese Arbeit ist demnach die experimentelle Bestimmung der Potentialverteilung im Inneren einer Gleichspannungsdurchführung. Hierzu wurden zwei spezielle, weitgehend identische Prüfwickel gefertigt und zur Messung verwendet. Ein Prüfkörper dient dabei zur Erfassung der transienten und stationären Temperaturverteilung bei nachgebildeten Betriebsbedingungen. Der zweite Prüfkörper dient zur Erfassung der elektrischen Potentialverteilung. Durch identisch nachgebildete Betriebsbedingungen wird es somit möglich, die Potentialverteilung bei stationärer Gleichspannung und bei transienten Betriebszuständen basierend auf unterschiedlichen Temperaturgradienten zu ermitteln. Hierdurch konnte experimentell nachgewiesen werden, dass die thermisch-elektrische Potentialverschiebung in der Realität auftritt.

Parallel hierzu wurde ein flexibles Simulationsmodell erstellt, welches anhand der gemessenen Potentialverteilungen erfolgreich verifiziert werden konnte. Mit dem erstellten Simulationsmodell ist es möglich, anhand von gemessenen Materialdaten die in der Durchführung tatsächlich vorhandene transiente und stationäre Potentialverteilung bei einer vorgegebenen Temperaturverteilung zu berechnen.

Weiterhin wird eine Methodik vorgestellt, mit welcher auch bei extrem langsamen Polarisationsvorgängen mit den dazugehörigen langen Zeitkonstanten im Material dennoch die notwendigen Materialwerte für eine erfolgreiche Simulation gewonnen werden können.

Die Simulationen und auch die Messungen zeigen die erwartete Potentialverschiebung in die kühleren Randbereiche der Durchführung und quantifizieren damit die erwartete erhöhte Feldstärkebelastung des Isolationsmaterials in diesen Gebieten. Weiterführende Simulationen stellen die Problematik bei Umpolmessungen dar, bei welchen sich auch eine Überhöhung des Potentials in bestimmten Bereichen der Durchführung einstellen kann, welche aus der angelegten Spannung nicht direkt erwartet werden können.

Die vorgestellte Arbeit erweitert das Verständnis der thermisch-elektrischen Vorgänge in Hochspannungsgleichstromdurchführungen und kann somit zu einer Sicherung der Verfügbarkeit eben dieser beitragen.

Abstract

Not only in Germany with the connection of offshore wind parks, but also internationally, the high-voltage direct current transmission (HVDC) is becoming more and more important. Due to their electrical and thermal properties of the insulation DC voltage bushings represent a power-limiting bottleneck of the actual energy transmission.

The temperature of a dielectric has a strong influence on the associated electrical conductivity. Because of the high temperature gradients, which are common in bushings, the extremely changing conductivities can have a strong influence on the distribution of the electrical potential. So the electrical potential can deviate significantly from the original design case. Until now, the electrical potential shift has only been determined by simulations and hasn't been proven experimentally.

So the experimental determination of the potential distribution inside a DC bushing is especially important for this thesis. For this purpose, two special, nearly identical test windings were produced and used for the measurement. The first one is used to detect the transient and stationary temperature distribution during simulated operating conditions. The second one is used to measure the electrical potential distribution. Due to the identical reproduced operating conditions, it is possible to determine the potential distribution at steady-state DC voltage and at transient operating states based on different temperature gradients. With this it could experimentally demonstrated that the thermal-electric potential shift occurs in reality.

In parallel, a flexible simulation model was created which could be successfully verified using the measured potential distributions. With this developed simulation model and with the measured material data it is possible to calculate the transient and stationary potential distribution during a given temperature distribution.

In Addition a method to obtain the necessary material values is presented. This method can determinate the values even if the material has extremely slow polarization processes and the associated long time constants so that a successful simulation can be performed.

The simulations and also the measurements shows the expected potential shift into the cooler regions near the border of the bushing. In this way, they quantify the expected increased field strength of the insulating material in these areas. Further simulations presents the problems which occur at polarity reversals. In this case an elevation in the electrical potential can occur in certain areas of the bushing which isn't directly expected from the applied voltage.

The presented thesis expands the understanding of the thermal-electric processes in high-voltage direct current bushings and thus can lead to ensure the availability of these bushings.

Danksagung

Die vorliegende Arbeit beruht auf meiner Zeit als wissenschaftlicher Mitarbeiter am Institut für Energie- und Hochspannungstechnik an der Hochschule für angewandte Wissenschaften Würzburg-Schweinfurt in Kooperation mit dem Fachgebiet Elektrische Geräte und Anlagen an der Technischen Universität Ilmenau.

Mein großer Dank gilt Herrn Univ.-Prof. Dr.-Ing. Frank Berger für die Übernahme der fachlichen Betreuung und seinem Interesse an dieser Arbeit sowie für die vielen hilfreichen Hinweise und anregenden Gespräche.

Herrn Prof. Dr.-Ing. Andreas Küchler gilt mein ganz besonderer Dank für die tatkräftige Unterstützung und seine wertvollen fachlichen, didaktischen und persönlichen Ratschläge welche wesentlich zum Gelingen dieser Arbeit beigetragen haben. Weiterhin danke ich insbesondere dafür, dass er stets hinter mir und meiner Arbeit stand.

Für das Interesse an meiner Arbeit und die Bereitschaft als industrieller Gutachter zu fungieren danke ich Herrn Dr. Bernhard Heil von der HSP Hochspannungsgeräte GmbH aufrichtig.

Mein Dank geht an dieser Stelle auch an die ehemaligen und aktuellen Mitarbeiter des Hochspannungslabors und des Instituts für Energie- und Hochspannungstechnik. Namentlich seien hier neben Herrn Prof. Dr.-Ing. Markus H. Zink vor allem die Herren Franz Klauer, Florian Swobodnik, Achim Sendner, Sören Reinhard sowie Konrad Böhm erwähnt. Auch die sehr gute Zusammenarbeit mit dem Labor für Thermodynamik und Energietechnik unter Herrn Prof. Dr. Johannes Paulus verdient meinen Dank.

Diese Arbeit entstand im Rahmen des Forschungsprojektes „Hochspannungsdurchführungen in HVDC-Übertragungssystemen für die extremen Bedingungen der Wüste“ welches vom Bundesministerium für Bildung und Forschung gefördert wurde.

Die Durchführung des Projektes erfolgte in Zusammenarbeit und mit Unterstützung der HSP Hochspannungsgeräte GmbH. Hier danke ich insbesondere den Herren Achim Langens, Joachim Titze und Tim Schnitzler für die sehr gute Zusammenarbeit.

Meinen Eltern danke ich für die bereitwillige Unterstützung in den Start meiner akademischen Laufbahn. Vielen Dank für die Unterstützung und den Rückhalt welche mir die notwendigen Freiräume geschaffen haben geht auch an die Familie Robaczeck.

Nicht zuletzt möchte ich meinen ganz besonderen Dank meiner Frau und meinen Kindern aussprechen. Vor allem das Verständnis, die Geduld und die Unterstützung meiner Frau Britta trugen maßgeblich zum Gelingen meines Promotionsvorhabens bei. Vielen Dank für deine Nachsicht und deinen stetigen Rückhalt!

Inhalt

Abkürzungen

AC	(engl.: alternating current) - Wechselstrom
CDM	(engl.: charge difference method) - Ladungsdifferenzmethode
CIGRE	(franz.: Conseil International des Grands Réseaux Électriques) - Internationaler Rat für große elektrische Netze
DC	(engl.: direct current) - Gleichstrom
FEM	Finite Elemente Methode
FDS	(engl.: frequency domain spectroscopy) - Messung in Frequenzbereich
GFK	Glasfaserverstärkter Kunststoff
HGÜ	Hochspannungsgleichstromübertragung
HVDC	(engl.: high-voltage direct current transmission) - Hochspannungsgleichstromübertragung
IEC	(engl.: international electrotechnical commission) - internationale Normungskommission im Bereich der Elektrotechnik
LCC	(engl.: Line Commutated Converter) - Hochspannungsgleichstromübertrag mit Gleichstromzwischenkreis
PDC	(engl.: polarization- and depolarization current) - Methode zur Messung von Polarisations- und Depolarisationsstrom
PR	(engl.: polarity reversal) - Polaritätsumkehr
RIP	(engl.: resign impregnated paper) - Harzimprägniertes Papier
RT	Raumtemperatur
SPICE	(engl.: simulation program with integrated circuit emphasis) - Schaltungssimulationssoftware
UT	Umgebungstemperatur
VSC	(engl.: Voltage Source Converter) - Hochspannungsgleichstromübertrag mit Gleichspannungszwischenkreis

Symbole

A	Fläche
α_T	Verschiebungsfaktor
C	Kapazität
D	Federkonstante
d	Abstand
ε_0	allgemeine Dielektrizitätszahl
ε_r	spezifische Dielektrizitätszahl
E	elektrische Feldstärke
f	Frequenz
F_{el}	elektrische Kraft
G	Geometriefaktor
I,i	elektrischer Strom
i_p	Depolarisationsstrom
i_d	Polarisationsstrom
J	Stromdichte
k	Boltzmannkonstante
κ	elektrische Leitfähigkeit
κ_0	Konstante
κ_S	scheinbare elektrische Leitfähigkeit
l	Länge
q	elektrische Ladung
R	Widerstand
r	Radius
R_0	Ersatzwiderstand für die Gleichstromleitfähigkeit
R_x	Koeffizient nach Arrhenius
R_∞	Isolationswiderstand
T	Temperatur
T_g	Glasumwandlungstemperatur
t	Zeit
t_p	Polarisationszeit
τ	Zeitkonstante
U,u	Spannung
x	Strecke
W	Aktivierungsenergie

1. Einführung

Eine gesicherte Versorgung mit elektrischer Energie, welche den stetig ansteigenden Energiebedarf der Welt ressourcenschonend und nachhaltig deckt, stellt eine der größten Herausforderungen der heutigen Zeit dar. Die Forderung der Nachhaltigkeit bedingt den Einsatz von regenerativen Energieformen. Eine dezentrale regenerative Einspeisung von Energie aus Kleinkraftwerken kann den nötigen Bedarf nicht ausreichend decken. Die Erzeugung großer Mengen regenerativer Energie findet in der Regel weit entfernt von den Verbrauchsschwerpunkten, z.B. in Offshore-Windparks, statt. Der Transport solch großer Mengen an Energie ist wirtschaftlich nur mithilfe der Hochspannungsgleichstrom-übertragung (HGÜ) durchzuführen.

In HGÜ-Systemen sind unter anderem die Durchführungen sowohl elektrisch als auch thermisch sehr stark beanspruchte Komponenten, welche schon heute unter normalen Umgebungsbedingungen an der Grenze ihrer elektrischen und thermischen Belastbarkeit betrieben werden. Sie stellen ein Nadelöhr in elektrischen Übertragungsstrecken dar, welches den Strom und die Spannung, und somit die Leistung der Übertragung limitiert.

Eine große Bewährungsprobe für Gleichspannungsdurchführungen stellt vor allem die zusätzliche thermische Belastung durch extrem schwankenden Temperaturverhältnisse zwischen Tages- und Nachttemperaturen sowie die stark schwankenden Übertragungsleistungen dar. Sie werden hierdurch in einer, in diesen Größenordnungen noch nicht gekannten Weise beansprucht. Dies trifft in besonderer Weise Großprojekte mit klimatisch ungünstigen Bedingungen wie z.B. den, sich in Bau befindlichen, Solarkomplex NOORo [KFW17] , oder das, zuletzt auf der CIGRE 2018 [SaWi18] vorgestellte, Sahara-Wind Projekt.

Die Temperatur eines Dielektrikums hat einen direkten Einfluss auf ihre elektrische Leitfähigkeit. Dies wirft die zentrale Frage auf, wie sich diese thermischen Verhältnisse auf die Veränderung der Leitfähigkeit und somit auf die elektrische Belastung innerhalb der Durchführung auswirken.

In dieser Arbeit wird deshalb die thermische Belastung von Durchführungsisolierkörpern (sogenannten Durchführungswickeln) gemessen um relevante thermische Verteilungen zu erfassen. An einem eigens gefertigten Prüfwickel wird weiterhin erstmalig bei eingestellter thermischer Belastung die elektrische Potentialverteilung innerhalb des Durchführungswickels gemessen. Die experimentelle Bestimmung von dielektrischen Materialeigenschaften bildet die Grundlage für ein Simulationsmodell, welches die gemessene Potentialverteilung bei eingestellter thermischer Verteilung nachbilden soll. Vergleiche der durchgeführten Messungen mit den Simulationen zeigen eine gute Übereinstimmung. Mit dem Simulationsmodell wird abschließend noch der Fall einer Umpolung simuliert und das Ergebnis erläutert.

In Kapitel 2 wird zunächst der aktuelle Stand der Technik bezugnehmend auf die Hochspannungsgleichstromübertragung und die Technik von Durchführungen erläutert. Weiterhin wird die Ermittlung von Leitfähigkeiten und ihre Auswirkung auf Barrierensysteme in Isoliersystemen vorgestellt.

Kapitel 3 stellt die grundlegenden Fragestellungen hinsichtlich der realen Feldverteilung und der Möglichkeit einer Messung vor. Ebenso werden die Überlegungen zur methodischen Herangehensweise einer Simulation der gemessenen Feldverteilung sowie die Gewinnung von zugehörigen Materialkennwerten vorgestellt.

In Kapitel 4 werden die vorgenommenen experimentellen Untersuchungen beschrieben. Es wird die grundlegende Idee der Übertragung der jeweiligen Messungen und zugehörigen Bedingungen auf einen weiteren Prüfkörper dargestellt. Weiterhin werden die vorgenommenen Versuchsaufbauten und die zugehörigen Erfassungsmethoden erläutert.

Die Beschaffung von Materialparametern für die geplanten Simulationen wird in Kapitel 5 erläutert. Dabei wird die Messmethode zur Gewinnung von Materialwerten durch Polarisations- und Depolarisationsstrommessungen (PDC) beschrieben und der zugehörige Messaufbau vorgestellt. Durch extrem lange Messzeiten kann der Endwert bei niederen Temperaturen nicht bestimmt werden und die zur Umrechnung benötigte Aktivierungsenergie kann nicht durch die bekannten Methoden gewonnen werden. Es wird deshalb eine neue Methode zur Gewinnung der Aktivierungsenergie durch Kurvenverschiebung aus zwei der vorhandenen Messkurven vorgestellt. Die Umrechnung von Messwerten auf andere Temperaturen, um diese in das verwendete Simulationsmodell einpflegen zu können, nimmt einen weiteren Teil des Kapitels ein.

Einen Überblick über die vollständige Simulationsumgebung bietet Kapitel 6. Hier werden zunächst die generelle Modellbildung durch Diskretisierung der Geometrie und die Nachbildung eines diskretisierten Elementes erläutert. Die Erstellung von Temperaturprofilen für die Simulationen und die beiden möglichen Modellvarianten des Simulationsmodells werden ebenfalls in diesem Kapitel vorgestellt

Kapitel 7 widmet sich dem Vergleich von Messung und Simulation. Hierzu werden im ersten Teilkapitel die Ergebnisse der erstmals an einer Gleichspannungsdurchführung vorgenommen Potentialmessungen vorgestellt. Im zweiten Abschnitt werden die Ergebnisse der mithilfe der ermittelten Materialdaten durchgeführten Simulationen gezeigt und hinsichtlich der Vergleichbarkeit mit den realen Messungen bewertet.

Im folgenden Kapitel 8 wird die nunmehr verifizierte Simulationsumgebung genutzt, um den oftmals problematischen Fall einer Umpolung zu simulieren. Es werden die Ergebnisse der Umpolung sowohl mit als auch ohne einen auftretenden Temperaturgradienten innerhalb einer Durchführung simuliert und dargestellt. Der in den Simulationen auftretende Effekt einer Feldstärkeüberhöhung wird gezeigt und anhand einfacher *RC*-Modellanordnungen veranschaulicht.

Im abschließenden Kapitel 9 wird eine Zusammenfassung der Ergebnisse vorgestellt, in welcher erläutert wird, dass die thermisch-elektrische Potentialverschiebung in der Realität auftritt und sich mit den ermittelten Leitfähigkeiten unter Zuhilfenahme des entwickelten Netzwerkmodells räumlich und zeitlich weitestgehend richtig simulieren lässt.

2. Stand der Technik

In diesem Kapitel wird der Stand der Technik und der Forschung im Bereich der elektrischen Beanspruchung von Isoliersystemen in der Hochspannungsgleichstromübertragung (HGÜ) erläutert. Weiterhin wird über die Messung und die Eigenschaften der Leitfähigkeit sowie über Durchführungen berichtet.

2.1 Hochspannungsgleichstromübertragung

Vor allem für große Übertragungsstrecken eignet sich die Übertragung mittels HGÜ-Systemen. Durch die Übertragung mittels Gleichstrom werden Probleme durch Leitungsinduktivitäten beziehungsweise Leitungskapazitäten, wie sie bei Drehstromleitungen beziehungsweise Drehstromkabeln auftreten können, vermieden. Auch die schnelle Regelbarkeit des Leistungsflusses spricht für ihren Einsatz und Blindleistung wird nicht übertragen. Weitere Einsatzbereiche sind die Kopplung von nichtsynchronen Netzen und die Begrenzung von Kurzschlussströmen sowie die Stabilisierung großer Netze [Küch17], S. 1.

2.1.1 Übertragungsprinzip

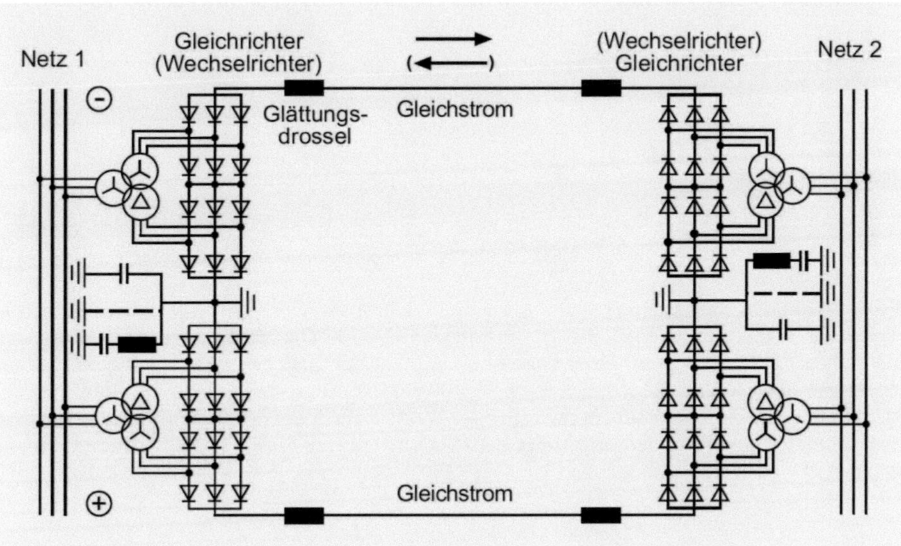

Bild 2-1: Prinzip einer bipolaren Gleichspannungsübertragung [Schw09], S. 406.

Als Beispiel wird hierfür eine klassische HGÜ-Übertragung mit Gleichstromzwischenkreis (LCC - Line Commutated Converter) betrachtet. Sie stellt eine Punkt-zu-Punkt Verbindung von zwei Kopfstationen mittels einer Gleichstromleitung dar. Die Verbindung kann dabei unipolar, mit einer Stromrückleitung über das Erdreich, oder bipolar, mittels zweier getrennter Leiter, ausgeführt sein. Das prinzipielle Schaltbild einer bipolaren Übertragung ist in Bild 2-1 dargestellt.

Die bipolare Ausführung erhöht die Flexibilität bei Ausfall eines Hochspannungsventils oder sonstigen Störungen, indem der Rückleitungsstrom dann über den, die beiden Mittelpotentiale verbindenden, Mittelleiter fließen kann. Dieser Mittelleiter wird in der Regel parasitär über das Erdreich realisiert, kann aber auch als eine explizite Leitung ausgeführt werden [Schw09], S. 406.

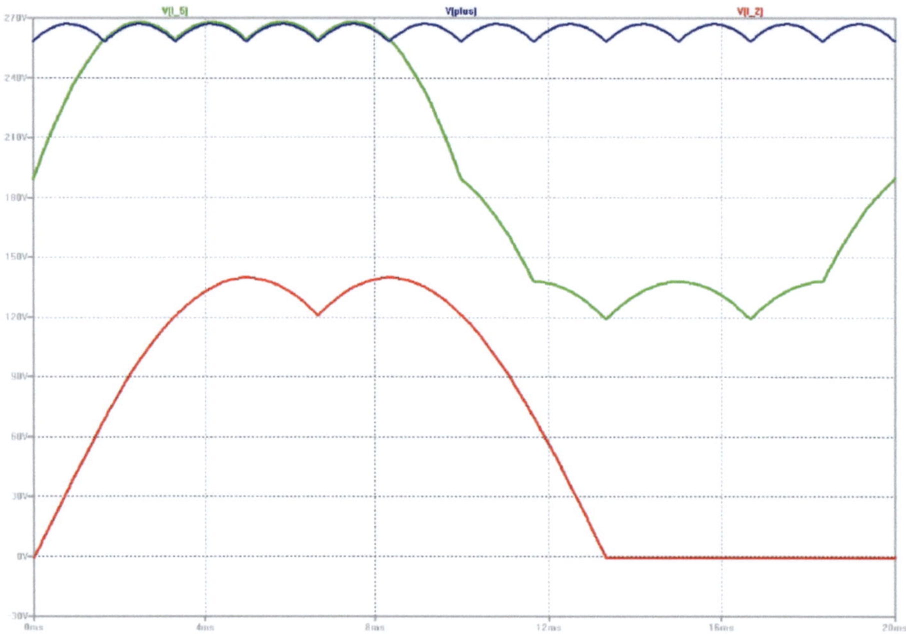

Bild 2-2: Simulierte Spannungsverläufe von Mischfeldbeanspruchungen bei Durchführungen in verschiedenen Positionen innerhalb der HGÜ-Anlage, [Schn10]. Die blaue Kurve stellt dabei einen beispielhaften Spannungsverlauf einer Durchführung nach der Gleichrichterschaltung dar welche nur noch über eine geringe Restwelligkeit verfügt. Die grüne Kurve zeigt einen Spannungsverlauf vor der zweiten Gleichrichterstufe, bei welcher der Wechselanteil auf der Gleichspannung deutlich sichtbar ist. Die rote Kurve letztlich zeigt den Verlauf vor der ersten Stufe, dort sind nur die positiven Halbwellen sichtbar.

Durch Einphasen-Transformatoren wird das vorhandene einspeisende Netz auf die benötigte Spannungsebene angehoben. Die Konvertierung in eine Gleichspannung findet in Gleichrichtern statt. Nach der Übertragung wird die Spannung wieder wechselgerichtet und auf die Höhe des Zielnetzes transformiert. Die Umrichterstationen werden zur Reduzierung der Welligkeit als 12-pulsige Drehstrombrücken ausgeführt. Die Stromrichter sind als Wechselrichter ausgelegt um Lastflusswechsel zu ermöglichen. Erwähnenswert ist, dass die Transformatoren mit hohen Mischfeldbelastungen beansprucht werden, so dass die

Isoliersysteme sowohl für Wechselspannung als auch für Gleichspannung ausgelegt werden müssen [Küch17], S. 569 ff. sowie [Schw09], S. 406 f.

Auch die Durchführungen werden hierdurch mit Mischfeldbelastungen [Küch17], S. 28 f. beansprucht. Dabei ist die Positionierung innerhalb der Anlage ausschlaggebend für den sich ergebenden Spannungsverlauf an der Durchführung. Mittels computerbasierten Berechnungen kann die Beanspruchung, beispielsweise vor der ersten Stufe, vor der zweiten Stufe oder nach der Gleichrichterschaltung abgeschätzt werden, Bild 2-2 [Schn10].

Anmerkung: Auch bei neuen Anlagen mit Gleichspannungszwischenkreis (VSC - Voltage Source Converter) können die Durchführungen auf der Gleichspannungsseite mit hohen Gleichfeldbelastungen beansprucht werden.

2.1.2 Verschiebungs- und Strömungsfelder in HGÜ-Barrierensystemen

Die grundlegenden Beanspruchungsarten elektrischer Isoliersysteme, wie sie im Falle der HGÜ auftreten, sollen in diesem Abschnitt veranschaulicht werden.

Obwohl in den in dieser Arbeit betrachteten RIP-Durchführungen (resign impregnated paper), das gesamte Dielektrikum aus demselben Material besteht, und somit kein Barrierensystem im eigentlichen Sinne eingesetzt wird, ähneln sich die prinzipiellen Probleme, welche durch das Vorhandensein von unterschiedlich großen Leitfähigkeiten verursacht werden. Diese Problemstellung ist bei HGÜ-Barrierensystemen, vor allem in Transformatoren, bereits Gegenstand diverser Untersuchungen gewesen, siehe beispielsweise auch Bild 2-4. Dahingegen ist das Verhalten von HGÜ-Durchführungen bei dieser Problematik noch weitgehend unbekannt.

Das Auftreten von Verschiebungsfeldern bei HGÜ wird durch Spannungsänderungen im System, welche beispielsweise durch Zuschalten, Spannungssprünge oder Umpolungen hervorgerufen werden, verursacht. In diesem Falle wird die Feldverteilung, wie im Wechselspannungsfall, zunächst von den materialspezifischen Permittivitäten ε_r bestimmt. Nach langer Zeit stellt sich dann der, durch die Leitfähigkeit κ der Materialien bestimmte Zustand mit einem stationären Strömungsfeld ein [Küch10-1].

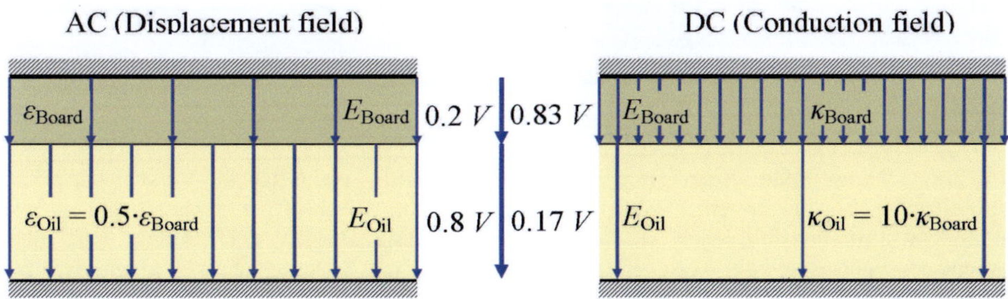

Bild 2-3: Durch Dielektrizitätszahlen verursachtes Verschiebungsfeld (links) und durch Leitfähigkeiten bestimmtes Strömungsfeld (rechts) für ein Beispiel aus [Küch10-2], V steht hierbei für die anliegende Gesamtspannung.

Beispielhaft wird in Bild 2-3 anhand eines einfachen Barrierensystems aus Öl und Transformerboard, wie es auch im Transformatorbau verwendet wird, veranschaulicht, was dies für die einzelnen Materialien bedeuten kann. Die Feldstärke im Öl in Bild 2-3 (links) ist in den ersten Momenten nach dem Zuschalten, aufgrund des Verschiebungsfeldes, etwa doppelt so hoch wie im Transformerboard. Die erhöhte Belastung ist in diesem Falle im Medium mit der niedrigeren Dielektrizitätszahl. Anschließend folgt der transiente Übergang, welcher sich langsam dem stationären Zustand annähert. Ist dieser erreicht, herrscht das stationäre Strömungsfeld vor, Bild 2-3 (rechts) und fast die komplette Feldstärkebelastung konzentriert sich nun in dem als hochohmig angenommenen Transformerboard und das Öl wird nur noch mit einer geringen Feldstärke belastet. Die Belastung in diesem Fall ist im Medium mit der niedrigeren Leitfähigkeit [Küch11].

Die Auswirkungen auf ein reales Barrierensystem in einem Wechselrichter-Transformator sind in Bild 2-4 für die Momente des Zuschaltens und der Wechselspannungsbelastung (links), des stationären Zustands bei Gleichspannung (mittig) und nach der Umpolung (rechts) veranschaulicht.

Dabei sollen im Fall der Wechselspannungsbeanspruchung (Bild 2-4 links) die Barrieren idealerweise den Äquipotentialflächen folgen und somit eine gute Feldverteilung ermöglichen. Die Unterteilung der Ölstrecken in kleinere Spalte durch die Barrieren aus Transformerboard lässt die gewünschte Zirkulation des Öls dennoch zu, ohne eine Feldüberhöhung zu verursachen. Im Fall der Beanspruchung mittels Gleichspannung (Bild 2-4 rechts) drängt sich hingegen nahezu das gesamte Feld aufgrund der deutlich geringeren Leitfähigkeit in die relativ dünnen Barrieren. Da auf die Barrieren aus Gründen der Stabilität und zur Zirkulation des Öles in den Ölkanälen nicht verzichtet werden kann, muss bei der Auslegung die hierdurch hervorgerufene resistive Feldsteuerung berücksichtigt werden [Scho16], S.12.

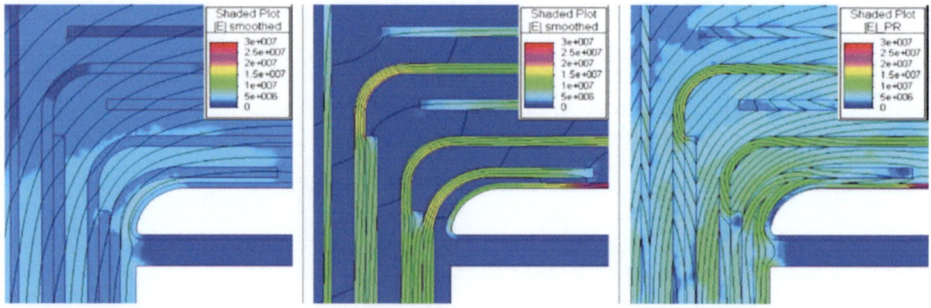

Bild 2-4: Oberes Ende einer Transformatorwicklung mit elektrischem Verschiebungsfeld unmittelbar nach Anlegen einer Gleichspannung oder im Wechselspannungsfall (links) und stationärem Strömungsfeld nach sehr langer Zeit (mittig). Bei einer Umpolung wird dem momentanen Feldzustand ein Verschiebungsfeld mit doppeltem Spannungshub überlagert (rechts) [Krau12].

Die Feldverdrängung in das Medium mit der für die im jeweiligen Zustand ausschlaggebende niedrigere materialspezifische Leitfähigkeit kann hierdurch zu erhöhten Feldstärken in unterschiedlichen Medien zu unterschiedlichen Zeitpunkten führen. Somit muss immer die jeweilige Situation bei der Auslegung berücksichtigt werden.

2.1.3 Besonderheiten bei der Auslegung von HGÜ-Isoliersystemen

Wie in Abschnitt 2.1.2 dargelegt wurde, ist das dielektrische Verhalten von Isoliersystemen bei unterschiedlichen Beanspruchungen grundsätzlich verschieden. Daher ist eine Kenntnis der dielektrischen Materialeigenschaften wie Leitfähigkeit und Dielektrizitätszahl somit von essentieller Bedeutung für die Auslegung, das Verhalten und die Lebensdauer eines HGÜ-Isoliersystems.

Eine Berechnung dieser Systeme wird heute in der Regel mit transienten Feldberechnungsprogrammen - in der Regel FEM-Programmen - in denen die Materialien durch die Eigenschaften Dielektrizitätszahl ε und Leitfähigkeit κ beschrieben werden, vorgenommen [KWen93]. Die auftretenden komplexen Vorgänge können hierdurch aber nur sehr unvollständig wiedergegeben werden, da unter anderem die Polarisationsvorgänge nicht dargestellt werden können. Bei Simulationen mithilfe eines Netzwerkmodelles würde dies einer Parallelschaltung aus Kapazität C und Widerstand R, also dem einfachen Parallelersatzschaltbild, mit welchem ebenfalls keine Polarisationsvorgänge erfasst werden können, entsprechen.

Problematisch ist weiterhin, dass bei der Bestimmung von Leitfähigkeiten eine große Unsicherheit herrscht. Somit können selbst nach heutigem Stand der Technik die wirklichen Vorgänge in einem HGÜ-Isoliersystem, selbst bei Anwendung von modernen FEM-Programmen, nur äußerst ungenau berechnet werden, da die grundsätzlichen Modelle zu einfach sind und die Materialparameter nicht klar definiert sind [Küch03], [BMBF14], S. 9.

Eine messtechnische Erfassung der realen Feldverteilung in HGÜ-Isoliersystemen ist selbst bei einfachen Modellanordnungen nur sehr ungenau und nur für einige Spezialfälle durchführbar. In den folgenden Absätzen werden die bekanntesten hiervon kurz vorgestellt, die konventionellen Methoden zur Erfassung von Gleichspannungen werden in Kapitel 2.3 dargestellt.

Eine Möglichkeit zur elektrooptischen Erfassung der Feldstärke [Okub03] ist auf transparente Medien (z.B. Öl) beschränkt. Durch den Einfluss eines von außen anliegenden Feldes wird das Material so polarisiert, dass es doppelbrechend wird (indizierte Doppelbrechung) [Heri95], S. 289. Dieser, nach dem Entdecker benannte, Kerr-Effekt macht es möglich, die integrale Feldstärke in einer Anordnung anhand von Intensitätsveränderungen in einem optischen Pfad abzuschätzen.

Die Möglichkeit, die Feldverteilung indirekt mithilfe von elektrostatischen Raumladungsmessungen durch die Erfassung der Ausbreitung von Druckwellen abzuschätzen, kann auch in festen, nicht transparenten Isolierstoffen bei geringer Probendicke angewandt werden.

Bei diesem Verfahren wird das elektrische Gleichgewicht mithilfe von Druckwellen gestört und die resultierenden Stromflüsse lassen einen Rückschluss auf die Feldverteilung zu. [RLiu94], oder die Stimulation der Raumladung erfolgt elektrisch und die Druckwelle wird akustisch erfasst [Mazz13], S. 148 ff.

Diese Methode kann abgewandelt werden, indem das elektrische Gleichgewicht durch einen thermischen Sprung gestört wird. Die hierdurch verursachte Ladungsbewegung innerhalb des Mediums lässt über die Erfassung eines Stromes Rückschlüsse auf die Verteilung der Raumladungen und somit auf die Feldstärke zu [Noti01].

Für die großen Isoliervolumina bei Durchführungen ist eine Methode zur Messung von Gleichfeldstärken nicht bekannt. Das Fehlen eines verlässlichen Werkzeuges zur Simulation der Feldverteilung und der verursachenden physikalischen Effekte sowie die nur ungenügenden Möglichkeiten zur Messung von realen Feldverteilungen haben zur Folge, dass die Hersteller von Isoliersystemen bei der Auslegung gezwungen sind, große Sicherheitsreserven einzuplanen. D.h. die Isolierung muss in der Lage sein, jede Prüf- bzw. Betriebsspannung zu halten und zwar bei Annahme eines Verschiebungsfeldes und bei einer Annahme eines Strömungsfeldes sowie für die dazwischen liegenden transienten Zustände. Dabei sind die Leitfähigkeitsverhältnisse in allen denkbaren Verhältnissen zu variieren, um den „worst case" zu erfassen [Lind94], [BMBF14], S. 9. Aufgrund der Unsicherheiten bezüglich des Designs werden die Betriebsmittel durch spezielle HGÜ-Prüfzyklen mit langen Beanspruchungszeiten und Umpolungen langwierigen intensiven Tests unterzogen [Lips00].

2.1.4 HGÜ-Durchführungen

Dieser Abschnitt stellt die Besonderheiten von HGÜ-Durchführungen im Gegensatz zu Durchführungen für Wechselspannung dar. Der Fokus liegt dabei auf den Durchführungen für die höchsten Spannungsebenen ab ±800 kV. Diese höheren Spannungsebenen erfordern zwangsläufig auch größere Abmessungen der Durchführungen. Neben der erhöhten Spannung gibt es noch weitere Anforderungsprofile der Betreiber, welche die Abmessungen in die Höhe treiben. Bei vielen der gewählten Standorte von HGÜ-Anlagen ist beispielsweise von erhöhten Verschmutzungsgraden auszugehen, welcher durch eine größere Kriechwegstrecke Rechnung zu tragen ist. Zusätzlich müssen erweiterte mechanische Anforderungen erfüllt werden, welche sich aufgrund der höheren Masse und der standortabhängigen Erdbebensicherheitsforderung ergeben. Ein Sprung der Spannungsebene von 500 kV zu 800 kV resultiert beispielsweise in einer von 11 auf 20 Meter verlängerten Wanddurchführung. Die Masse der kompletten Durchführung steigt dabei von ca. 2300 kg auf eine Masse von ca. 5600 kg an [Schn10].

2.1.4.1 Elektrisch-thermisches Verhalten

Bei Durchführungen, den Nadelöhren des Energietransports, ergeben sich aufgrund der großen, elektrisch bedingten, Isolierwanddicken thermische Probleme. Die entstehende Verlustwärme, z.B. durch ohmsche Verluste im Leiter oder durch dielektrische Verluste im Isolierkörper, kann hierdurch nur noch schwer abgeführt werden.

Durch eine gewünschte Erhöhung der Übertragungsleistung steigt neben der Spannung auch der Strom an und die im Leiter erzeugte Verlustwärme wird noch erhöht. Hierdurch wird zunächst die Gefahr eines sogenannten Wärmedurchschlags durch thermische Instabilität, bei welchem das Betriebsmittel thermisch zerstört wird, erhöht. Außerdem wird durch die Verlustwärme das Auftreten eines hohen thermischen Gradienten innerhalb des Dielektrikums, verbunden mit hohen Isolierstofftemperaturen in der Nähe des Leiters, begünstigt. Mit dem thermischen Gradienten geht ein Gradient der Leitfähigkeiten einher, welcher eine Versteuerung der Durchführung, die sich durch eine nicht beabsichtigte Verteilung des elektrischen Potentials auf die einzelnen Steuerbeläge äußert, hervorruft und somit wiederum ein elektrisches Versagen begünstigt [Küch17], S. 575.

Anmerkung: Ein ähnliches Problem besteht laut [Küch17], S. 102 f, auch bei Hochspannungskabeln, welche mit Gleichspannung beansprucht werden. Abweichend vom normalen Feldverlauf, welcher bei gleichmäßiger Temperatur mit $\sim 1/r$ über den Radius r abfällt, kann auch hier aufgrund eines Temperaturgradienten ein Leitfähigkeitsgradient entstehen welcher in Feldverzerrungen und Raumladungen resultiert. Diese kann je nach Material und Temperaturgradient zu einer Potentialverschiebung von innen nach außen führen. Die Feldmigration kann bis hin zu einer Überlastung der außen liegenden Isolation erfolgen. Auch hier ist dies bisher nur theoretisch berechnet und nicht durch experimentelle Messungen bestimmt worden.

Die elektrische, thermische und mechanische Auslegungsberechnung für Durchführungen erfolgt heutzutage in der Regel mittels FEM-Programmen. Aufgrund der kaum temperaturabhängigen Dielektrizitätszahl lassen sich jedoch auch mittels nicht thermisch gekoppelter Berechnungsmodelle die Belastungen für den Wechsel- und Stoßspannungsfall, sehr gut bestimmen [Hesa08] sowie [Küch17], S. 514ff.

Die große Temperaturabhängigkeit der Leitfähigkeiten führt allerdings dazu, dass ohne eine thermisch gekoppelte Berechnung die Belastungen in Gleichspannungsfall nur ungenügend genau nachgebildet werden können.

Eine ungenügende Berücksichtigung der möglichen vorhandenen thermischen Gradienten und der damit zusammenhängenden transienten und stationären Felder bei Gleichspannung kann sich in Ausfällen von HGÜ-Transformatordurchführungen äußern [Elli00], [Elli01], [Elli99].

Für Gleichspannungsdurchführungen gibt es im Gegensatz zu Wechselspannungsdurchführungen kein standardisiertes Verfahren zur Prüfung des thermisch-elektrischen Verhaltens. Bei Wechselspannung lässt sich hingegen mit einer Thermostabilitätsprüfung nach IEC [IEC08] die Frage der thermisch-elektrischen Stabilität prinzipiell beantworten. Dabei wird der auf Hochspannungspotential befindliche Leiter mit einer für das Betriebsmittel vorgesehenen Spannung beaufschlagt und zur Simulation der Stromwärmeverluste zusätzlich beheizt. Das Eintauchen in 90 °C heißes Öl bildet hierbei die vom Transformator eingetragene Wärme nach. Die großen thermischen Zeitkonstanten machen dabei die Messung von Verlustfaktor und Temperatur als ausschlaggebende Kriterien über lange Zeiträume nötig. Eine Erwärmungsprüfung bei Nennstrom lässt anhand der gemessenen Temperaturen und des Leiterwiderstandes Rückschlusse auf die Höhe und Position der maximalen Leitertemperatur zu. Bei Betrachtung der erzeugten Wärmeenergie unter Berücksichtigung der Wärmekapazität des Leiters kann die kurzzeitige Überlastfähigkeit ermittelt werden [Zeng99], [Krum07].

Als Grundlage zu einem sicheren Einsatz im Netz ist ein durchdachtes optimiertes Design für Höchstspannungsdurchführungen unerlässlich. Netzwerkmodelle auf der Basis von Finiten Differenzen können hierzu zunächst die stationäre Wärmeübertragung durch Wärmeleitung gut nachbilden. Die Einbeziehung eines vereinfachten konvektiven Wärmetransports kann durch empirisch bestimmte Konstanten erfolgen [Easl78], [Zeng99].

Die thermischen Übergangsvorgänge und die daraus resultierende Überlastungsfähigkeit werden dabei durch transiente Berechnung von thermischen Ersatznetzwerken verwirklicht [Zhan09].

Eine Modellierung mittels elektrisch-thermisch gekoppelten Modellen ermöglicht die Beschreibung der Isolation, bisher allerdings wird dieses Verfahren nur für die äußere Isolation eingesetzt. Mithilfe von FEM-Programmen können Teilaspekte gesondert betrachtet werden, beispielsweise die stationäre Temperaturverteilung [Holt09]. Das komplette elektrisch-thermische Verhalten von Durchführungen kann allerdings aufgrund der hohen Komplexität nicht vollständig darin betrachtet werden. Die Berechnung des konvektiven Wärmetransportes allein ist bereits ein komplexer Vorgang, siehe hierzu [Dunz15-1] sowie [Dunz15-2], S. 52 ff. bzw. S. 84 f. Das Einbinden der für die Wechselspannungsverteilung relevanten temperaturabhängigen Größen des Verlustfaktors und des Leiterwiderstands stellt eine weitere Hürde dar, da die Verluste mit der Temperatur in Wechselwirkung stehen. Das Vorkommen und die Höhe der Oberschwingungen beeinflusst weiterhin die dielektrische Wärmeerzeugung im Isolierstoff [Sone09]. Eine weitere gegenseitige Kopplung zwischen der Temperaturverteilung und dem spezifischen Leiterwiderstand sowie der Temperatur und der Potentialverteilung im Dielektrikum tritt bei Belastung mit Gleichspannung auf. Da bei HGÜ-Durchführungen beide Fälle gleichzeitig auftreten können, sind die thermisch-elektrischen Verhältnisse extrem komplex und werden nach heutigem Stand der Technik nicht gekoppelt berechnet. Eine umfassende Beschreibung des elektrisch-thermischen Verhaltens sowie das Treffen von sicheren Aussagen bezüglich dieses Verhaltens sind damit nach aktuellem Stand der Technik nicht realisierbar.

2.1.4.2 Feldsteuerung und Wärmeabfuhr

Die Feldsteuerung dient der Beherrschung der elektrischen Beanspruchung in einer Hochspannungsdurchführung. Bei Wechselspannung bewirken die in den Wickelkörper eingearbeiteten konzentrischen und in der Länge abgestuften Steuerbeläge eine kapazitive Steuerung. Diese Steuerwirkung beruht bei zeitveränderlichen Spannungen auf den gut ermittelbaren Dielektrizitätszahlen des sich zwischen den Steuerbelägen befindlichen Isolierstoffes. Bei Gleichspannung stellt sich eine resistive Potentialsteuerung anhand der Widerstände zwischen den Steuerbelägen ein. Diese beruht auf dem Einfluss der temperaturabhängigen und sehr schwer kontrollierbaren Leitfähigkeiten. Zusätzlich wird die Potentialaufteilung, vor allem in axialer Richtung, noch durch die Umgebungsparameter wie beispielsweise das Öl oder das vorhandene Barrierensystem bei Transformatordurchführungen beeinflusst. Eine Abstimmung der Durchführung auf die umgebenden Medien unter Beachtung der thermischen Verhältnisse ist darum unerlässlich, wenn eine definierte Potentialaufteilung erreicht werden soll [BMBF14], S.12 ff.

Die thermische Belastung wird durch mehrere Parameter beeinflusst. Um eine Reduktion der durch Leiterverluste eingebrachte Wärmemenge zu ermöglichen, kann beispielsweise anstelle von Aluminium-Leiterseilen die Verwendung von Aluminium Rohren eine Vergrößerung des Querschnitts und somit eine Reduktion der Verluste bewirken. Auch der Einsatz von besser leitfähigem Kupfer anstelle von Aluminium kann, unter Erhöhung der Kosten, eine Reduzierung bewirken. Bei Transformatordurchführungen entsteht ein zusätzlicher thermischer Eintrag durch das Eintauchen in heißes Öl.

Sämtliche Wärme, egal ob entstehende oder eingebrachte, muss letztlich an die Umgebung angegeben werden. Die Abgabe erfolgt dabei über die freiluftseitige Oberfläche der Durchführung oder über angeschlossene metallische Armaturen an die Umgebungsluft, verursacht durch Konvektion und Wärmestrahlung. Der Wärmetransport findet prinzipiell in zwei Richtungen statt. Der axiale Wärmetransport wird dabei größtenteils durch den eigentlichen Hochspannungsleiter und auch die metallischen Steuerbeläge bewirkt. Ein Transport in radialer Richtung findet durch den Isolierstoff hindurch statt.

In OIP-Durchführungen aus ölimprägniertem Papier kann der Wärmetransport durch eine zirkulierende Ölströmung unterstützt werden. Dabei wird der sogenannte Thermosiphon-Effekt ausgenutzt. Bei diesen wird der Dichteunterschied einer Flüssigkeit bei verschiedenen Temperaturen zur Umwälzung der Flüssigkeit mithilfe der Schwerkraft genutzt. In der Durchführung wird das Öl in Kanälen zwischen dem Leiter und dem Durchführungswickel erwärmt wird und steigt in Richtung des Kopfteils auf. Die Abkühlung des Öles erfolgt zwischen dem Wickel und dem Gehäuseisolator und bewirkt dort ein Absinken und somit das Fortbestehen des Ölkreislaufes. Hierdurch wird eine Vergleichmäßigung der Wickeltemperatur erreicht, die maximal auftretende Temperatur wird herabgesetzt und die Ausbildung von Heißpunkten (Hot-Spots) verringert[1]. Bei dieser Methode werden allerdings die weniger alterungsbeständigen Produktbestandteile Öl und ölimprägniertes Papier verwendet. Dies führt zu dem Problem, dass mit dieser Technik produzierte Durchführungen zwar hochspannungsfest und auch thermisch beherrschbar sind, allerdings sich ihre dielektrischen Eigenschaften durch thermisch beschleunigte Alterung mit der Zeit verschlechtern [Reum09-1], [Yama09]. Hierdurch steigt bei länger anhaltenden höheren Lasten der Verlustfaktor an und es droht durch die Restwelligkeit oder einen Wechselspannungsanteil die langsame Entwicklung einer thermischen Instabilität. Die Änderung des Verlustfaktors müsste dann mithilfe eines Monitorings für Hochspannungsdurchführungen überwacht werden und notfalls das entsprechende Bauteil rechtzeitig erneuert werden [Reum09-2].

[1] Diskussion mit Durchführungshersteller HSP

Für aktuelle Hochspannungsgleichstromdurchführungen wird jedoch bei den höchsten Spannungsebenen in der Regel der deutlich alterungsresistentere Werkstoff RIP verwendet [Jons09]. Hierbei besteht der Wickelkörper aus epoxidharz-imprägniertem Krepppapier. Zu beachten ist dabei, dass die Glasumwandlungstemperatur des Epoxidharzes deutlich über den anzunehmenden Maximaltemperaturen in diesem Bereich liegt.

Dennoch ist es notwendig, auch hier die Wärmeabfuhr zu erhöhen, bzw. die Temperaturen im Wickelkörper zu vergleichmäßigen um die maximal zulässigen Leiter- beziehungsweise Isolierstofftemperaturen einhalten zu können. Dazu müssen die vorhandenen Techniken portiert oder neue Methoden entwickelt und erprobt werden.

Eine Ausnutzung des bereits bekannten Thermosiphon-Effektes kann auch im Inneren des evakuierten und anschließend teilweise mit wassergefüllten Leiterrohres durch die Verdampfung von Wasser eine Stabilisierung der Temperatur entlang des Leiterrohres bewirken. Damit könnte die axiale Temperaturverteilung und der axiale Wärmetransport verbessert werden und das Auftreten Hot-Spots verringert oder vermieden werden [Zeng00]. Weitere ähnliche Konzepte setzen auf die Heat-Pipe-Technik. Dabei wird das verwendete Kühlmittel zusätzlich innerhalb des Rohres durch Verwendung einer dochtartigen Struktur auf der inneren Oberfläche des Rohres verteilt. Dort nimmt es die entstehende Verlustwärme mittels eines Verdampfungsprozesses auf. Das heiße Gas steigt auf, kühlt sich unter Abgabe der Wärme in einem Verflüssiger ab und kondensiert wieder [Hack88]. Die Wärme kann mittels der Heat-Pipes an einen externen Kühlkörper übertragen werden, welcher die Kühlungsleistung des Gesamtsystems steigern kann [Hack87].

Aktuell werden die vorgestellten Methoden, aufgrund der Leistungsfähigkeit der bisherigen Konzepte noch nicht, oder nur in begrenztem Umfang eingesetzt. Die hohen Entwicklungskosten standen bisher nicht in entsprechender Relation zu dem zu erwartenden Nutzen durch die technologische Weiterentwicklung. Durch die zukunftsorientierten Projekte wie DeserTec besteht nun aufgrund der thermischen Bedingungen die Notwendigkeit zum Umdenken. Die Bewertungssituation hat sich somit vollständig verändert und erfordert die Erforschung dieser und noch weiterer Konzepte. Möglicherweise besteht sogar die Notwendigkeit, von dem bisher ungeschriebenen Dogma abzuweichen, dass die Durchführungen als passives System angesehen werden. Hierbei ist beispielsweise eine externe Zwangskühlung denkbar, bei welcher ein Kühlmedium im Inneren der Durchführung in den Spalten zwischen Leiter, Wickelkörper und Gehäuse zirkuliert. Die Wärmeabgabe kann dabei durch Abgabe mittels eines auf Hochspannungspotential liegenden Wärmetauschers durchgeführt werden [Emil09], oder sie kann durch Anschluss an die Kühlung des Transformators erfolgen.

Zusammenfassend kann gesagt werden, dass für die kommenden Herausforderungen ein umfassenderes thermisch-elektrisches Verständnis notwendig wird, da die bisherigen Erfahrungen nicht einfach extrapoliert und umgesetzt werden können. Durch das komplexe Design und die unterschiedlichen Werkstoffe können die bekannten zu Grunde liegenden Gesetzmäßigkeiten und Phänomene nicht direkt portiert werden, auch wenn es zu den einzelnen Komponenten bereits einige Untersuchungen gibt. Nur durch ein angepasstes und optimiertes Design kann die Beherrschung zukünftiger elektrisch thermischer Belastungen gelingen.

2.2 Polarisation und elektrische Leitfähigkeit

Im Gegensatz zu den bekannten und gut ermittelbaren Dielektrizitätszahlen welche bei Wechselspannung vorherrschen, sind bei Gleichspannung die Leitfähigkeiten für die Feldverteilung von essentieller Bedeutung, siehe auch Abschnitt 2.1.2. Ein großes Problem besteht in der Tatsache, dass die Leitfähigkeit schwer bestimmbar ist. Zusätzlich wird die Leitfähigkeit von vielen Parametern, beispielsweise der Temperatur, siehe hierzu auch Gleichung (5-1), beeinflusst. Sie verändert sich hierdurch teilweise um mehrere Größenordnungen, siehe Bild 2-5. Zu den sich auf die Leitfähigkeit auswirkenden einstell- beziehungsweise messbaren Parametern zählen neben der bereits genannten Temperatur auch der Feuchtigkeitsgehalt, die Elektrodenanordnung sowie das Elektrodenmaterial und die Feldstärke. Weiterhin beeinflussen auch Parameter welche nicht oder nur schwer ermittelt werden können die Leitfähigkeit. Zu diesen gehören Parameter wie der Alterungszustand, die Materialzusammensetzung, der Fertigungsprozess und das Auftreten bzw. das Ausmaß von Verunreinigungen im Material selbst. [BMBF14], S. 8

Dementsprechend hängt die Zuverlässigkeit der Berechnung von Potential- und Feldverteilungen in entscheidender Weise von der korrekten Bestimmung der Leitfähigkeit für den entsprechenden Fall ab.

Von großer Bedeutung für die Messung von Leitfähigkeiten ist die Messdauer. Bei Raumtemperatur kann die Einstellung eines stationären Zustandes bei Isolierstoffen mit niedriger Leitfähigkeit mitunter viele Stunden oder sogar Tage in Anspruch nehmen [Zink14], [Küch17], S. 105 f. Diese Zeitabhängigkeit wird durch die Drift von beweglichen Ladungsträgern hin zu den Elektroden und der damit im Isolierstoffvolumen reduzierten Ladungsträgeranzahl verursacht.

Die Ursache der Leitfähigkeit besteht in dem im Isolierstoff vorhandenen beweglichen Ladungsträgern. Durch ihre Anzahl und Beweglichkeit beeinflussen sie die Leitfähigkeit in der Regel direkt solange keine Sättigungserscheinung oder Ionisation vorliegt. Die für Isolierstoffe denkbaren Leitungsprozesse werden z.B. in [Scho16], S. 22 ff. genauer betrachtet. Zusammenfassend sind für die meisten Isolierstoffe die Elektronenleitung sowie die Ionenleitung ausschlaggebend für den Großteil der vorhandenen Leitfähigkeit. Protonenleitung kann bei auf Zellulose basierenden Isolierstoffen aufgrund der großen Anzahl an vorhandenen Hydroxylgruppen auftreten.

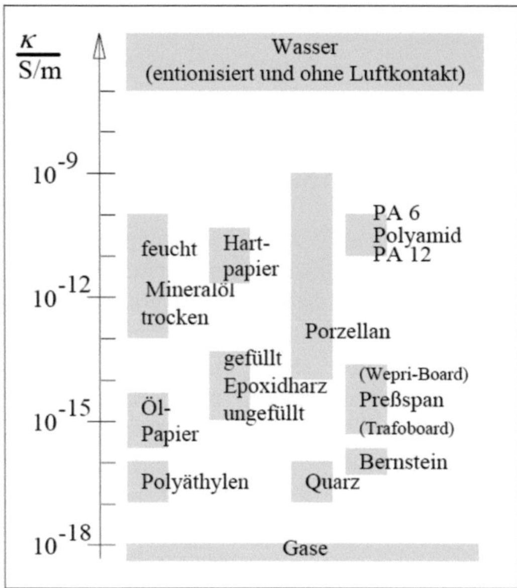

Bild 2-5 Größenordnungen von Leitfähigkeiten bei Raumtemperatur [Küch17], S. 277.

Die durch elektrische Felder auf die Ladungsträger einwirkende Kraft beschleunigt die beweglichen Ladungsträger, Zusammenstöße bremsen diese wieder ab. Aus der Mittelung aller zum jeweiligen Zeitpunkt vorhandenen Geschwindigkeiten entsteht eine Driftgeschwindigkeit und somit eine Stromdichte J. Der Proportionalitätsfaktor zwischen der elektrischen Feldstärke E und der Stromdichte stellt die Leitfähigkeit κ entsprechend (2-1) dar.

$$J = \kappa \cdot E \tag{2-1}$$

Auf die notwendige messtechnische Ermittlung der Leitfähigkeit wird im folgenden Abschnitt kurz eingegangen.

2.2.1 Ermittlung der Leitfähigkeit entsprechend den Normen nach IEC

Die sichere und genaue Feststellung der Leitfähigkeit trägt einen großen Anteil an der Verlässlichkeit der für die HGÜ notwendigen Auslegungsberechnungen und Feldverteilungsberechnungen bei. In diesem Abschnitt werden die vorgeschlagenen Methoden nach IEC sowohl für feste als auch für flüssige Isolierstoffe vorgestellt und bewertet. Bei flüssigen Isolierstoffen finden die Normen IEC 60247 [IEC04] und IEC 61620 [IEC98] Anwendung. Die Methoden zur Ermittlung der Leitfähigkeit bei festen Isolierstoffen sind die Normen IEC 60093 [IEC80] und IEC 62631-3-3 [IEC16], welche die veraltete IEC 60167 [IEC64] ersetzt.

Die folgenden Bewertungen beziehen sich ausschließlich auf die mögliche Verwendung der vorgestellten Normen im Rahmen dieser Arbeit und stellen keine allgemeingültige Bewertung dar.

Für die Methodik bei flüssigen Isolierstoffen werden die Normen IEC 60247 und IEC 61620 vorgestellt. In IEC 60247 wird als übliche Messdauer eine Zeit von 60 Sekunden angegeben. Diese Zeitdauer reicht allerdings nicht aus, um die für HGÜ-Werkstoffe benötigte Gleichstromleitfähigkeit zu ermitteln, es wird vielmehr die sogenannte Wechselstromleitfähigkeit ermittelt, bei der ein Gleichgewicht zwischen Generation und Rekombination der Ladungsträger vorherrscht. Der für die Gleichstromleitfähigkeit notwendige Abtransport von Ladungsträgern ist nach dieser Zeit noch nicht vollständig abgeschlossen [Lieb09], S. 35 f. Hierdurch liefert die Messung keine relevanten Ergebnisse für die Auslegungsberechnung von HGÜ-Systemen.

In IEC 61620 wird eine alternierende Spannungsquelle zur Messung verwendet. Die Frequenz der Spannungsquelle liegt dabei zwischen 0,1 und 1 Hz. Durch das entstehende Wechselfeld erfolgt kein vollständiger Abtransport der vorhandenen Ladungsträger und es wird wiederum die Wechselstromleitfähigkeit ermittelt. Auch hier ist somit die Verwendung zur Berechnung von HGÜ-Anlagen nur sehr eingeschränkt möglich.

Die Norm IEC 62631-3-3 ersetzt die veraltete Norm IEC 60167 und wurde komplett neu überarbeitet und an den Stand der Technik angepasst. Dennoch wird auch hier die Messung eine Minute nach anlegen der Spannung vorgenommen und somit, ähnlich wie bei IEC 60247, die Wechselstromleitfähigkeit anstelle der Gleichstromleitfähigkeit bestimmt. Die erreichbare Genauigkeit für Widerstände mit einem größeren Wert als 10^{14} Ω wird mit ±50 % angegeben

Der in der ersetzten Norm IEC 60167 vorgestellten Methode zur schnellen und einfachen Erfassung der Leitfähigkeit bei festen Isolierwerkstoffen wird schon bei den Verweisen innerhalb der Norm keine große Genauigkeit des Ergebnisses bescheinigt. Eine Verwendung des beschriebenen Vorgehens ist deshalb nicht zu empfehlen.

Die weitere Norm zur Bestimmung der Leitfähigkeit bei festen Isolierstoffen, IEC 60093, liefert bei Einhalten der vorgeschrieben Prozedur die für HGÜ-Werkstoffe benötigte Gleichstromleitfähigkeit, und könnte daher prinzipiell verwendet werden, trotz der aufwendigen Methodik. Durch die Beschränkung der Messdauer auf 100 Minuten kann das Ergebnis für Werkstoffe mit langsamen Ausgleichsvorgängen allerdings nicht den korrekten Wert ausgeben, da sich hier nach 100 Minuten der stationäre Endzustand noch nicht eingestellt hat.

Zusammenfassend lässt sich also feststellen, dass in den Normen kein einheitliches Verfahren existiert, welches sowohl von festen als auch von flüssigen Isolierstoffen die notwendige Gleichstromleitfähigkeit mit ausreichender Genauigkeit ermitteln kann. In der TB 646 der CIGRE [CIGR16] wird allerdings als Empfehlung zur Bestimmung der Leitfähigkeit die Messung mittels Polarisations- und Depolarisationsstrom genannt.

2.2.2 Messtechnische Ermittlung der Polarisation und der Leitfähigkeit mittels PDC-Analyse

Wie bereits in der zusammenfassenden Bewertung aus Abschnitt 2.2.1 festgestellt, gibt es in den standardisierten Normen kein Verfahren, welches sowohl für flüssige als auch für feste Isolierstoffe eingesetzt werden kann. Die Bestimmung bei festen Isolationswerkstoffen ist für Werkstoffe, welche aufgrund ihrer Beschaffenheit lange Ausgleichsvorgänge bis zum Endwert durchlaufen nicht korrekt durchführbar. Bei flüssigen Isolierstoffen wird in den Normen nicht die zur Berechnung notwendige Gleichstromleitfähigkeit ermittelt, sondern die Wechselstromleitfähigkeit bestimmt, siehe hierzu auch [CIGR10].

Um die Messergebnisse untereinander vergleichbar zu bestimmen, soll deshalb nicht nur ein Verfahren verwendet werden, welches die fehlende Gleichstromfähigkeit bei flüssigen Soffen zum Ergebnis hat, sondern es soll vielmehr ein Verfahren verwendet werden, mit welchem sich unter vergleichbaren Bedingungen sowohl feste als auch flüssige Stoffe vermessen lassen. Hierdurch können die gewonnenen Daten zusammen zur Berechnung der Potentialverteilung bei HGÜ-Systemen verwendet werden. Inzwischen hat auch die CIGRE die PDC-Messung für die Bestimmung von Leitfähigkeiten von Mineralöl und ölimprägnierten Pressspan in der technischen Broschüre [CIGR16] empfohlen und ein Verfahren beschrieben, das die Reproduzierbarkeit der Messungen erheblich verbessert.

Das Prinzip der PDC-Messung basiert auf einer Sprungantwortmessung im Zeitbereich bei welcher der Prüfling mit einer konstanten Gleichspannung U für eine definierte Zeit belastet wird, hierbei ist der Schalter S in Position 1, siehe Bild 2-6 links. Diese Phase wird als Polarisationsphase, in Bild 2-6 (rechts) mit der Nummer (2) gekennzeichnet, oder kurz Polarisation bezeichnet. Während ihr fließt der zeitabhängige Polarisationsstrom $i_p(t)$. Nach der Polarisation mit der Polarisationszeit t_p wird der Schalter S auf Position 2 gestellt, und der Prüfling wird kurzgeschlossen. Während dieser Zeit, in Bild 2-6 (rechts) mit der Nummer (3) bezeichnet, fließt nun der zeitabhängige Depolarisationsstrom $i_d(t)$.

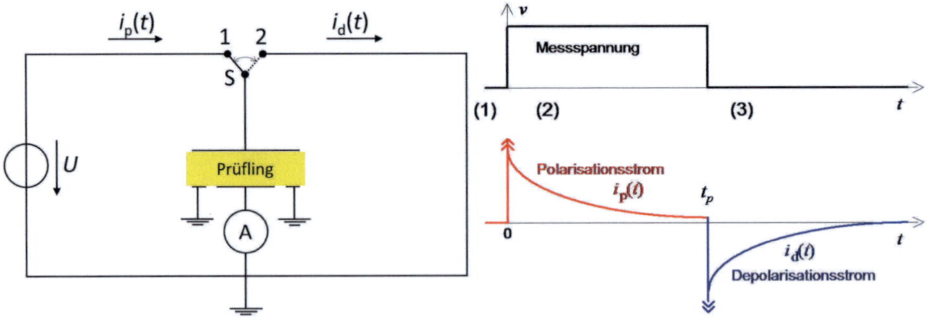

Bild 2-6 Schematischer Aufbau einer PDC-Messung (links) und resultierende Ströme und Spannungen (rechts) [Küch10-3].

Die üblicherweise verwendete Darstellung der Messergebnisse wird durch Verschiebung des Betrages des Depolarisationsstromes um die Polarisationszeit in Richtung Y-Achse und die doppelt logarithmische Einteilung der Achsen erreicht, Bild 2-7 links.

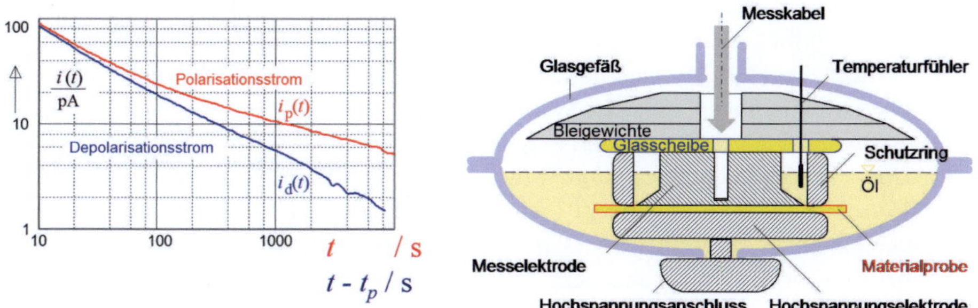

Bild 2-7 Darstellung der während der Messung erfassten Ströme (links) und prinzipieller Aufbau einer PDC-Messzelle (rechts) [Küch10-3].

Die in Bild 2-7 rechts gezeigte Messzelle kann hierbei sowohl für Feststoffe als auch für flüssige Isolierstoffe verwendet werden. Durch den Einbau in einen Wärmeschrank, und das Einbringen von Trockenmittel in die Messzelle können ungewünschte Umwelteinflüsse wie Temperaturschwankungen oder der Einfluss von Luftfeuchtigkeit minimiert werden. Bei Feststoffen bietet sich zusätzlich die Möglichkeit, welche vor allem bei Messungen mit hohen Spannungen Verwendung findet, das Medium unter Öl zu vermessen. Bei flüssigen Materialien können über Abstandshalter an der Schutzringanordnung, aus geeigneten Werkstoffen, der Elektrodenabstand d eingestellt werden.

Das Verfahren ähnelt somit der Bestimmung nach IEC 60093, bei welchem auch ein transienter Stromfluss aufgezeichnet werden soll, es wurde inzwischen in die CIGRE-Empfehlung TB 646 [CIGR16] übernommen. Auch die Verwendung einer dreiteiligen Elektrode mit Schutzringanordnung wird in dieser Norm vorgeschlagen. Die Phase (1) aus Bild 2-6 (rechts) dient auch hier zur Herstellung eines definierten Ausgangszustandes. Bei diesem sollen die Depolarisationsströme vernachlässigbar klein gegen die zu erwartenden Polarisationsströme sein.

Der gemessene Polarisationsstrom besteht aus einem stationären und einem transienten Anteil. Der stationäre Anteil stellt den Leitungsstrom dar, welcher durch die sich im Volumen befindlichen freien Ladungsträger verursacht wird. Der Leitungsstrom stellt den gesuchten konstanten Endwert der Gleichstromleitfähigkeit dar. Es besteht dabei ein Gleichgewicht zwischen dem Ausscheiden aus dem Leitungsprozess und dem Entstehen neuer Ladungsträger. Dieser stationäre Anteil des Polarisationsstromes $i_{\text{p\_stat}}(t)$ kann somit als Division der Spannung durch den Isolationswiderstand R_∞ ausgedrückt werden, (2-2).

$$i_{\text{p\_stat}}(t) = \frac{U}{R_\infty} \tag{2-2}$$

Der transiente Anteil, der Verschiebungsstrom, wird durch unterschiedliche Mechanismen verursacht. Einerseits zeigen sich laut [Zaen86], S. 168 f. verschiedene Polarisationserscheinungen mit unterschiedlichen Zeitdauern hierfür verantwortlich:

- Bei der der Deformations- (auch Elektronen-) und Ionenpolarisation, bei welcher die Verschiebung von Ladungsschwerpunkten, Molekülen und Molekülgruppen vorliegt, liegt die Zeitdauer im Bereich von Bruchteilen von Sekunden.
- Die Orientierungspolarisation verursacht eine Ausrichtung der polaren Molekülgruppen in Feldrichtung und bewegt sich im Zeitbereich von bis zu einigen Stunden.
- Die Grenzflächenpolarisation (auch Volumenpolarisation) wird durch eine Verschiebung von geladenen Ladungsträgern innerhalb abgegrenzter Volumenbereiche bis hin zu nicht überwindbaren Grenzschichten hervorgerufen und kann bis zu mehreren Tagen andauern.
- Ähnlich hierzu werden bei der Randschichtpolarisation Ladungsträger durch das gesamte Volumen bis an den Elektrodenrandbereich verschoben und bilden hierbei heteropolare Raumladungen. Ein Verlassen der Ladungsträger des Dielektrikums wird jedoch durch energetische Gründe verhindert. Dieser Vorgang kann bis zu einigen Wochen andauern.

Andererseits können diese Polarisationserscheinungen durch Abwandern oder Eindringen von Ladungsträgern beeinflusst werden. Die Abwanderung der Ladungsträger in die Elektroden oder die Rekombination im Isolierstoffvolumen führt hierbei zu einer Ladungsträgerverarmung. Das Eindringen von Ladungsträgern (Elektronen) aus der Kathode verbunden mit der Speicherung dieser im Isolierstoff bewirkt dabei eine Elektronenanreicherung, welche eine homopolare Raumladung vor der Kathode aufbaut und somit zu einem „raumladungsbegrenzten Strom“ führt. Die Dauer dieser Vorgänge kann bis zu Monaten betragen [Zaen86], S. 169.

Wenn die einzelnen Polarisationsvorgänge durch *RC*-Glieder beschrieben werden, wird der transiente Anteil des Polarisationsstromes $i_{\text{p\_trans}}(t)$ in (2-3) durch Summation seiner anteiligen Polarisationsstromanteile, als Strom durch die Ersatzschaltbilder mit R_i und C_i ausgedrückt:

$$i_{\text{p\_trans}}(t) = \sum_{\text{i}} \left(\frac{U}{R_\text{i}} e^{-\frac{t}{R_\text{i} C_\text{i}}} \right) \tag{2-3}$$

Somit besteht der Polarisationsstrom $i_\text{p}(t)$ nun aus den zwei Anteilen $i_{\text{p\_stat}}(t)$ und $i_{\text{p\_trans}}(t)$, siehe (2-4).

$$i_\text{p}(t) = i_{\text{p\_stat}}(t) + i_{\text{p\_trans}}(t) = \frac{U}{R_\infty} + \sum_{\text{i}} \left(\frac{U}{R_\text{i}} \text{e}^{-\frac{t}{R_\text{i} C_\text{i}}} \right) \tag{2-4}$$

Durch den Kurzschluss des Prüflings gleichen sich die, anhand der vorgestellten Effekte bei der Polarisation, gespeicherten Ladungen wieder aus und es fließt der negative Depolarisationsstrom welcher gegen Null strebt, siehe auch Bild 2-7. Durch die aufgrund ihrer Zeitkonstanten während der Polarisationszeit t_P unterschiedlich geladenen (Teil-) Kapazitäten ermitteln sich die Teilspannungen der einzelnen Kapazitäten C_i nach der Polarisation gemäß (2-5).

$$U_{\mathrm{C_i}}(t_\mathrm{p}) = U \cdot (1 - \mathrm{e}^{-\frac{t_\mathrm{p}}{R_\mathrm{i} C_\mathrm{i}}}) \tag{2-5}$$

Somit kann der während der Depolarisationsphase fließende Strom $i_\mathrm{d}(t)$ anhand (2-6) beschrieben werden.

$$i_\mathrm{d}(t) = -\sum_\mathrm{i} \left(\frac{U_{\mathrm{C_i}}(t_\mathrm{p})}{R_\mathrm{i}} \mathrm{e}^{-\frac{t-t_\mathrm{p}}{R_\mathrm{i} C_\mathrm{i}}} \right) \tag{2-6}$$

Eine Berechnung der scheinbaren Leitfähigkeit kann mit der bekannten Elektrodenfläche A und dem Elektrodenabstand d erfolgen, (2-7).

$$\kappa_S(t) = \frac{d}{A} \cdot \frac{i_\mathrm{p}(t)}{U} \tag{2-7}$$

Zu beachten ist, dass die eigentlich gesuchte Gleichstromleitfähigkeit sich in der Regel erst nach langer Zeit einstellt [Zink14] und der zugehörige Polarisationsstrom erst dann einen konstanten Wert annimmt, Gleichung (2-8).

$$\kappa = \frac{d}{A} \cdot \frac{i_\mathrm{p}(t \to \infty)}{U} = \frac{d}{A} \cdot \frac{1}{R_\infty} \tag{2-8}$$

2.3 Messung hoher Gleichspannungen

In diesem Abschnitt werden die verschiedenen Messverfahren zur Messung von hohen Gleichspannungen vorgestellt, um ihre Eignung zur in Abschnitt 4.3 beschriebenen messtechnischen Erfassung der Potentialverteilung bewerten zu können.

2.3.1 Messung mittels Spannungsteilern

Nach [Schw81], S. 87 wird in der Niederspannungsmesstechnik die Bereichserweiterung von Spannungsmessern durch Reihenschaltung eines Vorwiderstandes realisiert. Auf ähnliche Weise können auch hohe Gleichspannungen gemessen werden. Durch Messung des durch den Vorwiderstand fließenden Stromes, beispielsweise mit einem Drehspulinstrument, ist es möglich gemäß Ohmschem Gesetz die Spannung nach (2-9) zu ermitteln. Der Wert des Vorwiderstands wird dabei an die zu erwartende Spannung angepasst, um die Stromhöhe an den Messbereich des Amperemeters anzupassen.

$$U = R \cdot I \tag{2-9}$$

Hierbei wird der Spannungsabfall am niederohmigen Messinstrument vernachlässigt. Schwab [Schw81], S. 88 weißt weiterhin darauf hin, dass dieses Verfahren für rein statische Spannungsquellen aufgrund seiner vergleichsweise hohen Rückwirkung ausscheidet.

Durch die dementsprechend zu erwartenden hohen Rückwirkungen auf das zu messende Potential innerhalb des Prüfkörpers, kann dieses Verfahren nicht zu der geplanten Potentialmessung verwendet werden.

2.3.2 Messung durch Funkenstrecken

Eine weitere Möglichkeit zur Messung von hohen Gleichspannungen liegt in der Verwendung von Funkenstrecken als Messinstrument. Die Messung beruht nach Schwab [Schw81], S. 107 hierbei darauf, dass bei Erreichen der Durchschlagsfeldstärke des zwischen den Elektroden liegenden Gases durch die auf die einzelnen Moleküle einwirkenden Feldkräfte diese so stark beschleunigt werden, dass sie aufgrund ihrer vermehrten kinetischen und potentiellen Energie in der Lage sind, Bestandteil einer selbständigen Entladung zu werden. Die in diesem Prozess auftretenden Vorgänge, welche letztendlich in eine Entladung münden, können unter anderem in [Gäng53], S. 41 ff. sowie in [Gäng53], S. 172 ff. genauer betrachtet werden.

Die sicherlich bekannteste Form der Funkenstrecke stellt die Kugelfunkenstrecke dar. Diese in den meisten Laboratorien vorhandene Messeinrichtung ist bestens dokumentiert und die zu erwartenden Durchschlagsspannungen bei definierten atmosphärischen Bedingungen sind für unterschiedliche Kugeldurchmesser und -abstände unter anderem in [IEC02] zu finden. In [Schw81], S. 107 f. wird für die Messung hoher Gleichspannungen weiterhin die Stab-Stab-Funkenstrecke vorgeschlagen, da diese im Vergleich zur Kugelfunkenstrecke eine geringere Streuung der Durchschlagswerte und eine bessere Linearität der Abstandsabhängigkeit besitzt.

Das Prinzip der Messung mittels Funkenstrecke scheidet zur geplanten Messung der Prüfkörper allerdings aus, weil eine kontinuierliche Überwachung der zu messenden Spannung hiermit nicht möglich ist, da im Moment der Messung ein Kurzschluss vorliegt und demzufolge die Spannung zusammenbricht.

2.3.3 Messung mittels elektrostatischen Voltmetern

Die Messung der Spannung mithilfe eines elektrostatischen Voltmeters basiert auf der Kraftwirkung des zwischen zwei Elektroden liegenden elektrischen Feldes. Die Messung wird über ein sich innerhalb der Elektrodenfläche befindliches Feldplättchen realisiert, siehe Bild 2-8 . Durch die Kraft des elektrischen Feldes wird das Feldplättchen mit der Fläche A gegen die Spannkraft einer Rückstellfeder mit der Federkonstante D um die Strecke x ausgelenkt, bis sich ein Kräftegleichgewicht eingestellt hat. Ein auf der Verbindung zwischen Feder und Feldplättchen angebrachter Spiegel projiziert den, von einer Lichtquelle ausgehenden, Lichtstrahl auf eine kalibrierte Skala. Auf dieser kann dann die zur jeweiligen Auslenkung gehörige Spannung abgelesen werden.

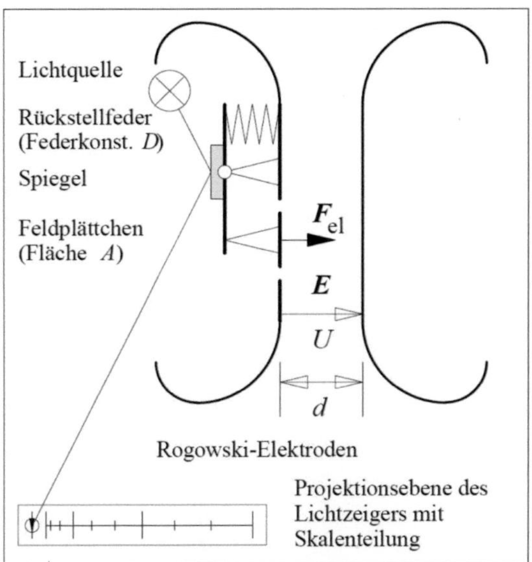

Bild 2-8: Schematischer Aufbau eines elektrostatischen Voltmeters [Küch17], S. 410.

Nach [Küch17], S. 410, wird dabei eine absolute Spannungsmessung vorgenommen, da die Spannungsmessung auf die Messung anderer physikalischer Größen zurückgeführt werden kann. Somit gilt entsprechend die Gleichung (2-10) für das Kräftegleichgewicht:

$$F_{\mathrm{el}} = \frac{1}{2} \cdot \varepsilon_0 \cdot \varepsilon_{\mathrm{r}} \cdot A \cdot \frac{U^2}{d^2} = F_{\mathrm{Feder}} = D \cdot x \qquad (2\text{-}10)$$

Anmerkung: Da in der Regel das verwendete Dielektrikum zwischen den Platten die Umgebungsluft darstellt, kann aus der obigen Gl. (2-10) der Ausdruck ε_r meist ersatzlos gestrichen werden, da die spezifische Dielektrizitätszahl von Luft praktisch 1 beträgt.

Die Auslenkung ist somit nach (2-11) proportional zum Quadrat der Spannung und umgekehrt proportional zum Quadrat des Elektrodenabstandes:

$$x \sim \frac{U^2}{d^2} \qquad (2\text{-}11)$$

Durch diese quadratische Spannungsabhängigkeit ist die Messung besonders für die höheren Spannungen des jeweiligen Messbereiches geeignet, bei niedrigeren Spannungen ist die Auslenkung relativ gering, und die Genauigkeit sinkt aus diesem Grund. Eine Verstellung des Messbereiches ist durch eine Veränderung des Elektrodenabstandes möglich, wobei die Skala dementsprechend angepasst werden muss.

Ein großer Vorteil der Spannungsmessung mit elektrostatischen Voltmetern ist die geringe Rückwirkung auf den Messkreis. Laut [Schw81], S. 96 beschränkt sich die Rückwirkung bei Gleichspannungsquellen auf die einmalige Aufladung der Kapazität des Spannungsmessers beim Zuschalten.

Die beinahe rückwirkungsfreie Messung mittels elektrostatischen Voltmeter kann somit theoretisch zur geplanten Messung der Prüfkörper verwendet werden, ohne eine große Beeinflussung der sich einstellenden Potentiale befürchten zu müssen. Dieses Verfahren hat allerdings durch die optische Anzeige den Nachteil, dass keine automatische Erfassung der Messwerte erfolgt, sondern die Messwerte von einer Skala abgelesen werden müssen. Durch die lange Messdauer der Versuche ist eine automatische Erfassung allerdings empfehlenswert, so dass dieses Verfahren für die Versuche nicht gewählt wurde.

2.3.4 Messung nach dem Generatorprinzip mit dem Rotationsvoltmeter

Nach [Schw81], S. 134 dienten die Spannungsmesser nach dem Generatorprinzip ursprünglich zur Messung der Feldstärke. Mittlerweile werden diese aufgrund ihres hohen Innenwiderstandes jedoch in der Regel zur Messung hoher Spannungen, vor allem im Bereich der Gleichspannungstechnik eingesetzt, da nahezu leistungslos und damit rückwirkungsfrei gemessen wird.

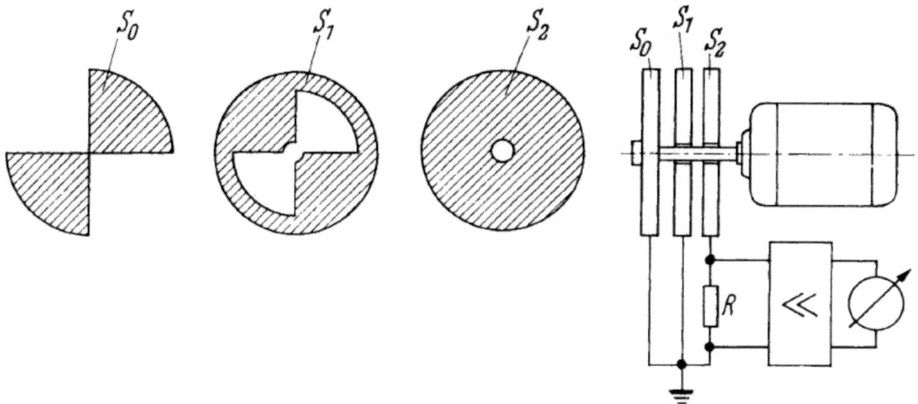

Bild 2-9: Schematischer Aufbau eines Rotationsvoltmeters [Schw81], S. 136.

Die Messung beruht dabei auf der Wirkung von Influenzladungen. Hierbei wird die elektrische Feldstärke an der Grenzfläche eines praktisch idealen Isolators (Gas, insbesondere Luft) und einer vorwiegend geerdeten Metalloberfläche gemessen. Da eine definierte elektrische Feldstärke in einem geeigneten Elektrodensystem erzeugt werden kann, lässt sich auch ein eindeutiger Zusammenhang zwischen Spannung und Feldstärke herstellen, so dass eine Spannungsmessung auf die Feldstärkemessung zurückführbar ist. Die Messmethodik mittels Influenzprinzip verbraucht keine Wirkleistung, solange das elektrische Feld rein elektrostatisch bleibt. Dies ist dann erfüllt, wenn es vorwiegend in einem Gasraum erzeugt wird, welcher nicht so hoch beansprucht ist, dass Raumladungen (Vorentladungen) auftreten und somit keine bewegten Ladungsträger Einfluss auf das

Messergebnis nehmen können. Durch dieses Verfahren werden extrem hochohmige Messgeräte erreicht, welche leistungslos messen können und somit keine Rückwirkung auf das zu messende Objekt haben [Zaen86], S. 289. Der schematische Aufbau eines Rotationsvoltmeters ist in Bild 2-9 dargestellt.

Die Hochspannung wird zur Messung auf eine Elektrode vor dem eigentlichen Messgerät gelegt. In der Regel wird hierzu bereits ein für das jeweilige Messgerät kalibrierter Mess- bzw. Tastkopf verwendet und am Gerätegehäuse montiert. Bei diesem sind die geometrischen Abmessungen so gewählt sind, dass die eigentlich eine Feldstärke anzeigende Skala des Messgerätes mit einem einfachen Faktor direkt in eine Spannung umgerechnet werden kann. Zwischen der Hochspannungselektrode und der über einen Messwiderstand *R* auf Erde gelegten Messelektrode S_2 liegen die fixierte Sektorblende S_1 und das sich rotierende Flügelrad S_0. Durch die Rotation von S_0 ergibt sich aufgrund der periodischen Flächenänderung der elektrisch wirksamen Fläche eine entsprechende Kapazitätsänderung zwischen Hochspannung und S_2. Hierdurch ändert sich die auf S_2 eingestellte Ladung q und es fließt ein Ausgleichstrom i gemäß (2-12) über den Messwiderstand R.

$$i(t) = \frac{\mathrm{d}q}{\mathrm{d}t} \tag{2-12}$$

Bei konstanter Gleichspannung ergibt sich durch Ersetzen anhand $q = C \cdot U$ die Gleichung (2-13).

$$i(t) = U \cdot \frac{\mathrm{d}C}{\mathrm{d}t} \tag{2-13}$$

Dieses Messverfahren eignet sich somit prinzipiell ebenso zur Erfassung stationärer und transienter Potentialverläufe am zu messenden Objekt, da die für die eigentliche Messung benötigte Energie bei Gleichspannung in mechanischer Form durch den Antrieb zur Verfügung gestellt wird. Das vorhandene Messgerät hat auch eine elektronische Schnittstelle zur Datenerfassung, somit wird eine automatische Aufzeichnung der Messwerte ermöglicht. Aus diesem Grund wurde dieses Verfahren für die in dieser Arbeit beschriebenen Messungen verwendet.

3. Eigene Fragestellung und methodisches Vorgehen

Im Hinblick auf die steigende Einbindung erneuerbarer Energien in das komplette Energieübertragungsnetz steigt die Bedeutung der Übertragung mittels der Hochspannungsgleichstromtechnik deutlich an. Die Erzeugung dieser Energieform findet in der Regel weit abseits der eigentlichen Verbrauchsschwerpunkte und oftmals unter extremen Umgebungsbedingungen dar. Im Netz stellen die Durchführungen sehr hoch belastete Komponenten dar. Sie stellen dabei in Transformatoren, Schaltanlagen oder Konverter Stationen den zentralen Engpass dar. Durch ihre thermischen und elektrischen Eigenschaften stellen sie limitierende Engpässe für Strom und Spannung dar. Der Fokus der vorliegenden Arbeit richtet sich demzufolge auf die elektrischen Eigenschaften bei thermischen Gradienten. Hierdurch ergeben sich die nachfolgend aufgeführten Fragestellungen für die Arbeit.

Wie ist das elektrische Potential im Inneren der Durchführung in der Realität verteilt?

Bisher konnte die elektrische Potentialverteilung in einer Durchführung nur anhand von Simulationen abgeschätzt werden. Diese Simulationen bestimmten somit die möglichen Einsatzbereiche und wurden zur Entwicklung und Konstruktion eingesetzt und damit auch in der Fertigung von Durchführungen. Die theoretisch angenommene Potentialverteilung im Inneren der Durchführung wurde bisher jedoch nicht experimentell bestätigt. Anhand dieser Feststellung ergibt sich daraus die weiterführende Frage:

Ist die experimentelle Bestimmung des elektrischen Potentials im Inneren einer Durchführung möglich und, falls ja, wie kann sie durchgeführt werden?

Die Bestimmung der Feldstärke beziehungsweise des Potentials muss möglichst rückwirkungsfrei erfolgen, damit die zu erwartenden Ergebnisse nicht verfälscht werden. Aufgrund der bekannten langen Zeitkonstanten von Durchführungen und der damit verbundenen Umladevorgänge ist besonders darauf zu achten, dass die sich einstellenden Verhältnisse bei Gleichspannung durch den Anschluss rückwirkungsfreier Messgeräte nicht verändert werden. Für transparente Medien könnte hierbei eine optische Messung unter Ausnutzung des sogenannten Kerr-Effektes verwendet werden. Die Beschaffenheit von Durchführungen lässt dies allerdings nicht zu. Somit müssen „konventionelle" Methoden der Hochspannungstechnik verwendet werden. Zur Messung der elektrischen Verteilung soll nun der Zugriff auf die Steuerbeläge erfolgen, da diese eine gleichmäßige Verteilung parallel zum Leiter respektive der Oberfläche erzwingen. Die Fertigung eines speziellen Prüfkörpers, bei welchem drei Zugriffe auf die Steuerbeläge an die Oberfläche geführt wurden, machte eine Messung an diesen Stellen möglich. Zur Messung konnte hierdurch der erfolgversprechende Ansatz der Erfassung mittels Rotationsvoltmeter verwirklicht werden. Parallel zu dieser Aufgabe musste eine weitere Fragestellung bearbeitet werden:

Wie können gezielt thermische Zustände eingestellt und auch gemessen werden?

Die Erfassung der elektrischen Verteilung muss einem jeweiligen Temperaturzustand zugeordnet werden um verwertbare Ergebnisse zu erlangen, denn ohne Kenntnis des thermischen Zustandes liefert eine Messung des elektrischen Potentials nur ungenügende Informationen. Während des Produktionsprozesses eingegossene Temperaturfühler liefern in Versuchskörpern bereits bei Langzeit-Temperaturtests zuverlässige Ergebnisse über die thermische Verteilung bei abgebildeten Betriebsbedingungen. Eine parallele Beanspruchung mit Hochspannung ist hierbei allerdings nicht möglich da die Anschlüsse der Temperaturfühler somit auf Potential liegen würden und unter anderem durch die überhöhte Spannung das Erfassungsgerät zerstören würden. Aus diesen Überlegungen heraus, musste die elektrische und die thermische Zustandserfassung in zwei unterschiedlichen Prüfkörpern vorgenommen werden. Ein zu dem Prüfwickel zur Erfassung des elektrischen Potentials beinahe identischer zweiter Prüfwickel wurde gefertigt. Während des Fertigungsprozesses wurden in unterschiedlichen axialen und radialen Positionen Temperaturfühler eingelegt, um eine genaue Erfassung der Temperaturverteilung zu ermöglichen. Die zusammengefassten elektrischen Verluste können durch Beheizung des Leiterrohres nachgebildet werden. Durch die nahezu identischen Prüfwickel können die erfassten Temperaturprofile bei identischer Beheizung des anderen Prüfwickels auf diesen synchron übertragen werden, und somit die Erfassung des Potentials bei definierten Temperaturverläufen realisiert werden. Durch die geschilderte Methodik, wurde es erstmals möglich experimentell die Potentialverläufe bei definierten Temperaturzuständen zu erfassen. Um die gewonnenen Ergebnisse weiterzuverarbeiten und auf andere relevante Zustände übertragen zu können ergibt sich die nachfolgende Fragestellung:

> *Ist es möglich, die gemessene Verteilung mit den Mitteln der Simulation korrekt nachzubilden?*

Diese Frage wirft sich vor allem deshalb auf, da sich aufgrund der möglichen Einsatzbedingungen eine Vielzahl von möglichen Betriebszuständen ergeben. Für die Entwicklung und Konstruktion ist es deshalb notwendig die möglichen Zustände beim geplanten Einsatz zu kennen und die Durchführung entsprechend zu dimensionieren. Diese Fragestellung untergliedert sich somit in Unterpunkte, wobei der erste Unterpunkt die Modellbildung darstellt:

> *Welches Modell ist dafür geeignet die Potentialverteilung in den Prüfkörpern nachzubilden?*

Ein bereits vorhandenes Modell zur Simulation von Polarisationsströmen in Durchführungen wurde als vielversprechender Ausgangspunkt verwendet. Dieses Modell wurde bereits in mehreren anderen Arbeiten verwendet und erweitert und hat die Tauglichkeit in der Nachbildung von PDC-Messungen bereits hervorragend unter Beweis gestellt. Dieses auf einer elektrischen Schaltungssimulation basierende Modell wurde durch umfangreiche Erweiterungen und Überarbeitungen an die Bedürfnisse der Simulation von Potentialverteilungen im Inneren angepasst. Die Verwendung einer Schaltungssimulationssoftware trägt dabei sowohl der Rechenzeit als auch der Einbindung der Polarisationseffekte durch unterschiedliche Zeitkonstanten Rechnung. Es wurde sowohl auf die Flexibilität des

Modells in Bezug auf die Geometrie und die Temperaturverteilung als auch auf die Benutzerfreundlichkeit Wert gelegt. Hierdurch lassen sich komplexe Verteilungen mit vergleichsweise geringem Aufwand simulieren. Durch diesen Anspruch ergibt sich der nächste Unterpunkt der obigen Fragestellung:

> *Wie erfolgt die Bestimmung der Materialwerte und wie können diese an die benötigte Temperatur angepasst werden?*

Ein gängiges Verfahren zur Ermittlung der dielektrischen Materialwerte von Isolationsstoffen stellt die Messung mittels PDC-Analyser dar. Die Eignung für das verwendete Material RIP wurde durch vorherige Tests bereits dargelegt. Zur Nachbildung der Materialwerte kann ein Materialersatzschaltbild bestehend aus mehreren *RC*-Gliedern mit unterschiedlichen Zeitkonstanten verwendet werden. Diese Zeitkonstanten können die im Isolierstoff ablaufenden unterschiedlichen Polarisationsmechanismen gut nachbilden und stellen damit die Grundlage zur Simulation der Potentialverteilung bei Gleichspannung dar. Durch die im Material vorkommenden langsamen Polarisationsvorgänge konnten aufgrund Beschränkungen der Messtechnik die Leitfähigkeitsendwerte teilweise nicht bestimmt werden, so dass die Temperaturanpassung nicht direkt mit Hilfe der Arrhenius Beziehung umgerechnet werden konnte. Es wurde vielmehr eine Methode entwickelt bei welcher auch bei nur einer kompletten Messung dennoch bei weiteren vorhandenen Kurven die Endwerte ermittelt werden können. Die damit entstandene Möglichkeit der Berechnung der Aktivierungsenergie ermöglicht es nun die vorhandenen Messkurven beziehungsweise die damit verbundenen Materialdaten auf weitere Temperaturen umzurechnen und für die Simulation zu verwenden. Weiterhin ist es hierdurch möglich auch bei extrem langsam ablaufenden Vorgängen im Isolierstoff die Endwerte, welche aufgrund von langen Zeitkonstanten beispielsweise durch niedrige Temperaturen nicht messbar sind, abzuschätzen indem die Messung bei erhöhter Temperatur durchgeführt wird. Nachdem die grundlegenden Voraussetzungen für das Simulationsmodell geschaffen wurden wird die oben aufgeworfene Fragestellung der Möglichkeit der Simulation mit der Frage der Übereinstimmung abgeschlossen:

> *Stimmen die experimentell ermittelten Ergebnisse mit den simulierten Potentialverteilungen überein?*

Die erstmals in einem Experiment ermittelte Potentialverteilung in Inneren einer Durchführung fand sowohl ohne einen anliegenden Temperaturgradienten bei Raumtemperatur als auch bei Beheizung und dem damit verbundenen Temperaturgradienten statt. Die Simulation konnte sowohl den unbeheizten Fall, als auch den Fall mit anliegendem Temperaturgradienten mit hoher Genauigkeit nachbilden. Die weiterführenden Simulationen unter anderem bei der Simulation einer Umpolung bei anliegendem Temperaturgradienten liefern somit belastungsfähige Aussagen zu der realen Potentialverteilung im Inneren einer Durchführung und können somit einen wichtigen Beitrag zur Dimensionierung und Planung von HGÜ-Durchführungen leisten. Die sich im Falle von HGÜ-Systemen stets gestellte Fragestellung findet sich nachfolgend:

Inwieweit verändern sich die Verhältnisse bei der Umpolung und kann dies zu Problemen bis hin zu einem elektrischen Versagen der Isolation führen?

Diese stets auftretende Fragestellung kann mit Unterstützung des Simulationsmodells beantwortet werden. Dabei werden die drei auch bei den Experimenten bestimmten Steuerbeläge als Referenz für die Potentialverteilung verwendet. Die sich im Zuge der Umpolung einstellende neue Potentialverteilung und die damit verbundene Überhöhung der Spannungsbelastung einzelner Bereiche werden verdeutlicht. Anhand eines vereinfachten Schichtmodells durch die Kombination von *RC*-Gliedern wird mit angenommenen Ladungsträgern die Verteilung bei verschiedenen Zeitpunkten der ablaufenden Umpolung visualisiert und erläutert.

4. Thermische und elektrische Untersuchungen an Durchführungswickeln

Um die Fragestellung der tatsächlichen Potentialverteilung im Inneren einer Durchführung beantworten zu können, ist es notwendig, sich nicht nur auf bereits bekannte Simulationen zu verlassen. Im Gegenteil sollten die Simulationen auf experimentellen Untersuchungen aufbauen. Dieser Abschnitt beschreibt die verwendeten Prüfkörper und stellt die gewonnenen Erkenntnisse dar. Nachdem in Kapitel 4.1 der prinzipielle Grundgedanke zu den verwendeten Prüfkörpern erläutert wird, folgt in den beiden weiteren Teilkapiteln die Darstellung des experimentellen Untersuchungsaufbaus zur thermischen und zur elektrischen Verteilung. Weiterhin werden messtechnisch auftretende Probleme sowie deren Lösung geschildert. Ein prinzipielles Ergebnis der thermischen Verteilung wird kurz dargestellt. Die Ergebnisse der Potentialverteilung werden in den Abschnitten 7.2 und 7.3 mit den zugehörigen Simulationen direkt verglichen.

4.1 Grundgedanken der Prüfkörper

Wie bereits in Kapitel 3 in der Methodik erläutert, ist es notwendig, sowohl die thermische, als auch die elektrische Verteilung zu kennen, um weitergehende Überlegungen anstellen zu können. Eine gleichzeitige experimentelle Messung der Temperatur- und der Potentialverteilung im Inneren einer Durchführung ist technisch nur schwer, wenn überhaupt, realisierbar. Die zur Temperaturmessung eingebrachten Temperaturfühler würden durch die angelegte Hochspannung keine auswertbaren Daten mehr liefern oder durch das hervorgerufene Potential zerstört werden. Weiterhin würden die eingelegten Temperaturfühler eine zusätzliche Feldverzerrung herbeiführen welche die Potentialverteilung beeinflusst.

Es erscheint deshalb sinnvoll, für diese Untersuchungen zwei nahezu identische Prüfkörper herzustellen. Mit diesen ist es möglich, parallel eine Bestimmung der thermischen und elektrischen Verteilung vorzunehmen und die Messdaten miteinander zu korrelieren. Die Prüfkörper basieren auf einer konventionellen 123 kV RIP-Durchführung des Herstellers. Die axiale Länge der Prüfkörper beträgt ca. 160 cm, wobei der Prüfkörper zur thermischen Erfassung um etwa fünf Zentimeter länger ist. Dies resultiert daraus, dass aufgrund der eingelegten Temperaturfühler eine Seite des Prüfkörpers nicht vollständig abgedreht werden konnte um die, auf dieser Seite herausgeführten, Fühler nicht zu beschädigen. Radial gesehen beginnt der Prüfkörper mit der Steuerstrecke ab einem Radius von 26 mm, weiter im Inneren befindet sich das Leiterrohr. Die Steuerstrecke endet bei einem Radius von 56 mm und die Oberfläche des Prüfkörpers bei 60 mm Radius, siehe auch Bild 4-1.

Zur thermischen Vermessung und zur definierten Einstellung thermischer Zustände können beide Prüfwickel durch eine für diesen Zweck angefertigte Hochleistungsheizpatrone mit einer Leistung von max. 2500 Watt quasi synchron betrieben und hierdurch dieselben thermischen Zustände eingestellt werden. Die verwendete Heizpatrone kann in das Leiterrohr eingeführt werden, und den durch Verluste erzeugten Wärmeeintrag nachbilden um somit betriebsrelevante thermische Zustände hervorrufen. Die Regelung der Heizpatrone übernimmt ein WTD 35/M-1 der Firma Wema.

a) Prüfwickel zur Messung der Temperaturverteilung

Beim Prüfkörper zur Messung der Temperaturverteilung wurden während des Produktionsprozesses Thermoelemente vom Typ L eingelegt um ein möglichst genaues Temperaturprofil erstellen zu können, Bild 4-1. Hierdurch können Unsicherheiten wie eine schlechte Kontaktierung oder eine zwischen verschiedenen Messungen unterschiedliche Position der Fühler ausgeschlossen werden. Die Temperaturfühler wurden, wie in Bild 4-1 zu sehen, auf zwei verschiedenen Höhen entlang der Achse des Wickels positioniert. Die Höhe H1 ist mittig in der freiluftseitigen Steuerstrecke, die Höhe H2 ist in der Mitte des Erdbelages positioniert. Die radiale Verteilung ist in fünf unterschiedliche Tiefen unterteilt. Die Fühler der Tiefe T1 befinden sich direkt am Leiter, die Tiefe T2 wird durch den Steuerbelag 5, die Tiefe T3 durch den Belag 10 und die Tiefe T4 durch den Belag 15 bestimmt. Auf Höhe des Erdbelags befindet sich die Position T5. Jeweils zwei Fühler einer Position auf gleicher Höhe und Tiefe befinden sich um 180° entlang des Umfangs verteilt auf der Position 0° bzw. der Position 180°. Auf der Tiefe T1 wurde aufgrund der hohen Wärmeleitfähigkeit des Aluminiumleiters auf die zusätzliche Positionierung von um 180° verschobenen Temperaturfühlern verzichtet.

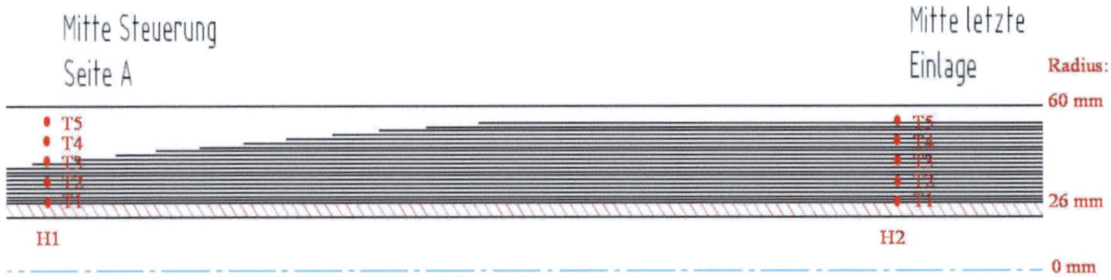

Bild 4-1: Prüfwickel zur Messung der Temperaturverteilung: Position der Temperaturfühler in den radialen Tiefen T1 bis T5 [Ausschnitt der technischen Zeichnung des Herstellers (perspektivisch verzerrt)].

b) Prüfwickel zur Messung der elektrischen Potentialverteilung

Der Prüfwickel zur Messung der elektrischen Potentialverteilung hat vier Anzapfungen, welche einen direkten Zugriff auf die ausgewählten Steuerbeläge zulassen, Bild 4-2. Zusätzlich zu der normalerweise schon vorhandenen Anzapfung des Erdungsbelages wurden noch die Steuerbeläge 5, 10 und 15 zugänglich gemacht. Hierdurch kann eine genaue Bestimmung der tatsächlichen Potentialverteilung im Inneren des Prüfkörpers an den Positionen des 26 %, des 53 % und des 79 % Potentials vorgenommen werden. Die gezeigte Potentialverteilung ergibt sich da die Hochspannung während der Messungen am Erdungsbelag anlag, der Leiter hingegen auf Erdpotential war. Durch die Positionierung der Temperatursensoren auf diesen Höhen im anderen Prüfwickel kann somit eine

Verknüpfung der thermischen und der elektrischen Messung vorgenommen und die Einflüsse der Temperatur auf die Potentialverteilung aufgezeigt werden.

In der Grafik nicht zu erkennen ist, dass die einzelnen Abgriffe zueinander um jeweils 180° versetzt sind, um somit eine Abstandsvergrößerung zu bewirken. Der erhöhte Abstand soll der Bildung von Kriechströmen auf der Oberfläche des Wickelkörpers entgegenwirken, beziehungsweise diese verringern.

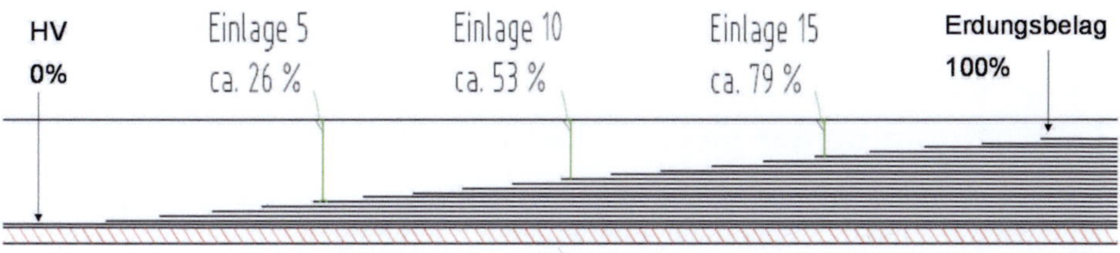

Bild 4-2: Prüfwickel zur Messung der elektrischen Potentialverteilung: Anzapfungen der Steuerbeläge [Ausschnitt der technischen Zeichnung des Herstellers (perspektivisch verzerrt)].

4.2 Bestimmung der Temperaturverteilung

Um eine Aussage über die durch die thermischen Gradienten bestimmte elektrische Potentialverteilung treffen zu können, muss das thermische Profil der Prüfkörper bei verschiedenen Wärmeeinträgen mithilfe der Heizpatrone bestimmt und eingestellt werden können.

Die Messungen werden in einer Klimakammer bei einer Umgebungstemperatur von 50 °C durchgeführt. Die Umgebungstemperatur wurde in dieser Höhe gewählt, um einen Einfluss der Feuchte möglichst auszuschließen, siehe Kapitel 4.3.2.

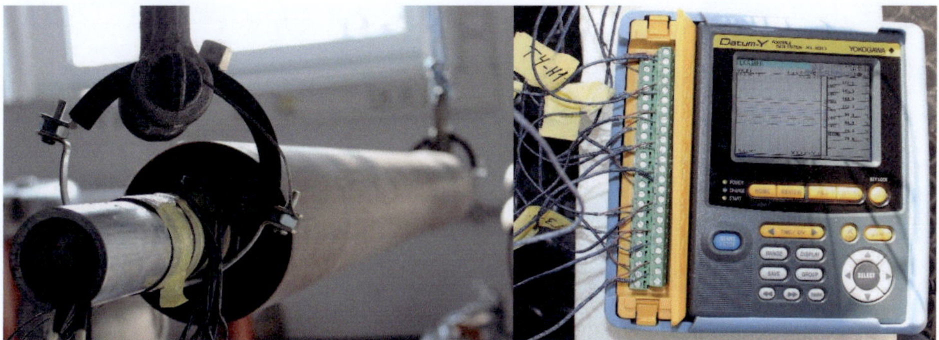

Bild 4-3: Aufhängung des Prüfwickels (links) und Datenlogger (rechts).

Zur Aufzeichnung der Temperaturverläufe wurde ein Datenlogger Yokogawa XL 100 verwendet, Bild 4-3 (rechts) an welchem parallel 16 Temperaturfühler angeschlossen wurden. Zur Einstellung der Temperaturprofile wird die Heizpatrone in das Leiterrohr geschoben und über das Messgerät mit einer Solltemperatur beaufschlagt. Um Wärmeleitungsverluste zu vermeiden, und um auch für den elektrischen Prüfwickel die notwendigen Abstände bei Hochspannung zu haben, wurden die Prüfwickel von der Decke hängend positioniert. Bild 4-3 (links). Die Umgebungstemperatur wird durch einen in der Nähe der Durchführung platzierten drahtlosen Temperaturfühler EBI 10-TP der Firma Ebro überwacht.

4.3 Bestimmung der elektrischen Potentialverteilung

Für die experimentelle Bestimmung der Potentialverteilung innerhalb einer Durchführung wurde ein Prüfkörper mit zusätzlichen Abgriffen an einige Steuerbeläge hergestellt. Somit stehen bei diesem Prüfwickel nicht nur der normalerweise die Hochspannung tragende Leiter und der Erdbelag zu Messzwecken bereit, sondern auch die Steuerbeläge bei ca. 26 %, 53 % und 79 % des elektrischen Potentials im Auslegungsfall sind für Messungen zugänglich. Hierdurch kann an diesen Steuerbelägen das tatsächlich anliegende Potential gemessen werden, und somit die reale Verteilung bei thermischen Gradienten innerhalb des Prüfkörpers nachvollzogen werden.

In diesem Teilabschnitt werden der Messaufbau sowie mögliche auftretende Probleme geschildert. Die Ergebnisse werden zum direkten Vergleich mit den zugehörigen Simulationen zur Verifikation direkt in den Kapiteln 7.2 und 7.3 gezeigt.

4.3.1 Versuchsaufbau

Der prinzipielle Aufbau entspricht dem Aufbau zur Messung der Temperaturverteilung, siehe Kapitel 4.2. Der Prüfwickel wurde bei einer Umgebungstemperatur von 50 °C in der Klimakammer von der Decke hängend auf einer Höhe von ungefähr 80 cm positioniert. Für die Messungen wurde eine negative Spannung von 20 kV am Erdbelag angelegt.

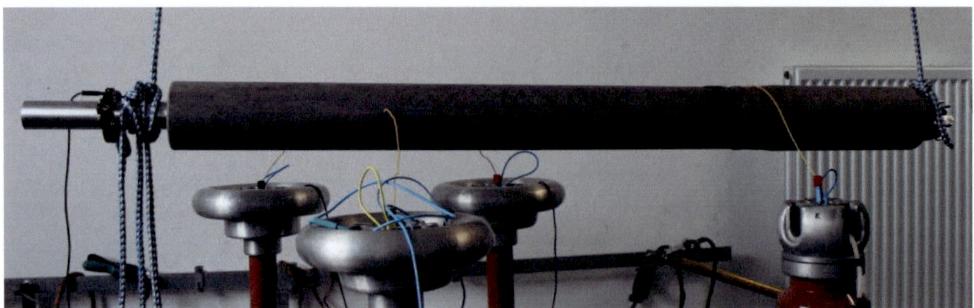

Bild 4-4: Aufbau zur Bestimmung der Potentialverteilung innerhalb des Prüfkörpers.

Der eigentlich die Hochspannung führende Leiter wurde auf Erde gelegt. Diese Anordnung dient dazu, die sich im Leiter befindliche Heizpatrone zu schützen, da diese mittels Wechselspannung von 230 V über den im Labornetz integrierten Regler angesteuert wird. Durch die angelegte negative Spannung soll eine Potentialverteilung entsprechend einer realen Durchführung auf einem Potential von 20 kV nachgebildet werden.

Wie bereits in Kapitel 2.3 geschildert, ist ein sehr hoher Eingangswiderstand nötig, um die elektrischen Potentiale möglichst rückwirkungsfrei messen zu können. Somit fallen klassische Messgeräte mit oder ohne Spannungsteiler aus, da diese die Potentiale verfälschen würden. In der Hochspannungstechnik werden für solche Zwecke in der Regel entweder elektrostatische Voltmeter oder Rotationsvoltmeter eingesetzt. Ein elektrostatisches Voltmeter nutzt die elektrostatische Kraftwirkung zwischen zwei Elektroden. Über diese Kraftwirkung ist es möglich, die Stärke das elektrischen Feldes, bzw. der Ladung zu bestimmen, siehe hierzu auch Kapitel 2.3.3.

Obwohl prinzipiell beide Verfahren bei der Messung Verwendung finden könnten, fiel die Entscheidung zugunsten des Rotationsvoltmeters. Die Entscheidung begründet sich unter anderem durch die einfachere Aufzeichnung des Spannungsverlaufes mit der integrierten Schnittstelle. Für die Messung wurde ein EFM-231 der Firma Kleinwächter mit einem Hochspannungsmesskopf HMK 40 verwendet. Hierdurch kann beinahe rückwirkungsfrei gemessen werden. Der Eingangswiderstand ist laut Herstellerangaben $> 10^{15}\ \Omega$ und die Eingangskapazität beträgt 10 pF [Klei01].

Anmerkung: Da nur ein Rotationsvoltmeter für die Messungen bereitstand, mussten für eine komplette Messung des Prüfkörpers drei einzelne Messungen bei jeweils identischen Bedingungen durchgeführt werden. Im weiteren Verlauf dieser Arbeit ist zur Vereinfachung immer eine komplette Messreihe mit drei Einzelmessungen gemeint, wenn auf eine Messung Bezug genommen wird.

4.3.2 Experimentelle Schwierigkeiten

Bei der experimentellen Bestimmung der Potentialverteilung bzw. der Bestimmung der dielektrischen Materialparameter ergaben sich durch den besonderen Aufbau des Prüfkörpers Probleme bei den Messungen, siehe auch Kapitel 5.1 und Anhang B.

Der Prüfwickel wurde, anders als die Wickel in realen Durchführungen, nicht mit einer Lackschicht überzogen. Durch das Fehlen dieser Schicht wurde der Prüfwickel allerdings in deutlich höherem Maße als erwartet von der Luftfeuchtigkeit der Umgebungstemperatur beeinflusst. Durch das Abdrehen der äußeren Schichten des zum Imprägnieren verwendeten Epoxidharzes entstand eine relativ raue Oberfläche. Die dadurch deutlich vergrößerte Oberfläche stellte somit eine große Eintrittsfläche für Feuchtigkeit in das hydrophile RIP durch die Luft dar. Hierdurch ergaben sich je nach Feuchtigkeitszustand undefinierte Oberflächen- beziehungsweise Querströme mit welchen eine Beeinflussung der Potentialsteuerung einherging. Die zugehörigen Messungen werden in diesem Abschnitt vorgestellt. Die theoretischen Überlegungen zu Quer- beziehungsweise Oberflächenströmen werden in Anhang B kurz vorgestellt.

Auf Bild 4-5 ist der Verlauf zweier einzelner Messungen des 26%-Steuerbelages zu sehen. Am Erdbelag wurde eine Spannung von -20 kV angelegt, der Leiter ist dabei auf Erdpotential. Somit sollte sich an diesem Belag ein Potential von -14,8 kV einstellen, was zu Beginn bei beiden Messungen sichtbar ist. Bei der Messung bei Raumtemperatur (schwarz) ist allerdings ein deutlicher Abfall der Spannung mit der Zeit zu sehen. Dieser Spannungsabfall liegt wahrscheinlich einem Feuchteeinfluss und den damit verbundenen Oberflächenströme durch den verringerten Oberflächenwiderstand zugrunde. Die zweite Kurve (grau) zeigt dieselbe Messung bei einer Umgebungstemperatur von 50 °C nach vorheriger Trocknung des Prüfwickels. Hier ist gut zu erkennen, dass das Potential im Vergleich zur ersten Messung deutlich stabiler ist.

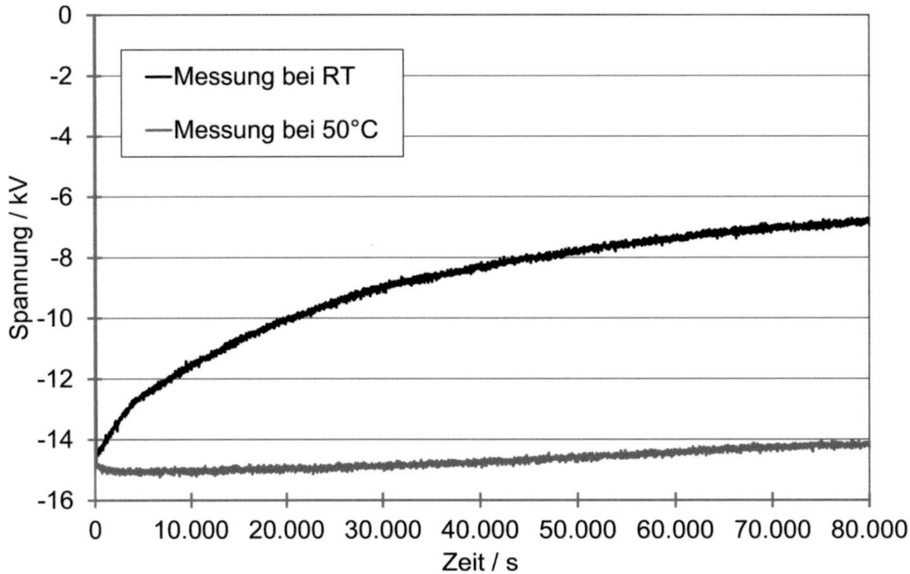

Bild 4-5: Potentialverläufe des 26%-Belages bei unterschiedlichen Feuchtezuständen und Umgebungstemperaturen.

Der Prüfkörper zur Messung bei RT in Bild 4-5 war durch die Montage, Spannungseinstellungs- und Positionierungsversuche bereits einige Zeit der Luftfeuchtigkeit bei Umgebungstemperatur ausgesetzt und hatte hierdurch schon eine hohe relative Feuchtigkeit erreicht. Da Untersuchungen bei Raumtemperatur geplant waren, wurde untersucht, wie schnell die Feuchtezunahme in den äußeren Schichten geschieht, bzw. wie sehr dies den Potentialverlauf beeinflusst.

In Bild 4-6 ist nun zusätzlich zu den beiden schon bekannten Messkurven eine weitere Messkurve (gestrichelt), bei welcher der Prüfwickel direkt nach der Trocknung in Transportbeuteln mit Trockenmittel gelagert wurde, und erst für diese Messung bei Raumtemperatur ausgepackt und befestigt wurde, dargestellt. Diese Messung zeigt, dass diese Feuchteaufnahme in den äußeren Bereichen sehr schnell geschehen muss, man sieht dies im Vergleich mit der Messung bei 50 °C, denn die Spannung fällt auch hier mit der Zeit deutlich ab. Vermutlich durch den direkten Zugriff auf die Steuerbeläge ist der Einfluss der Luftfeuchtigkeit auf die Potentialverteilung derart gravierend.

Da in der Klimakammer nur die Temperatur beeinflusst werden kann wurde, um diese Problematik zu umgehen, auf Messungen bei RT verzichtet. Durch das Aufheizen der Klimakammer auf eine Temperatur von 50 °C stellt sich in diesem Raum eine relative Luftfeuchtigkeit von unter 10 % ein. Die Messtemperatur für die Potentialmessungen wurde deshalb auf 50 °C festgelegt um die durch Feuchtigkeit verstärkt auftretenden Oberflächenströme zu minimieren. Weiterhin würde ein Potentialausgleich bei Messungen bei geringerer Temperatur auch deutlich langsamer ablaufen, so dass die Messungen sehr lange Zeiträume beanspruchen würden.

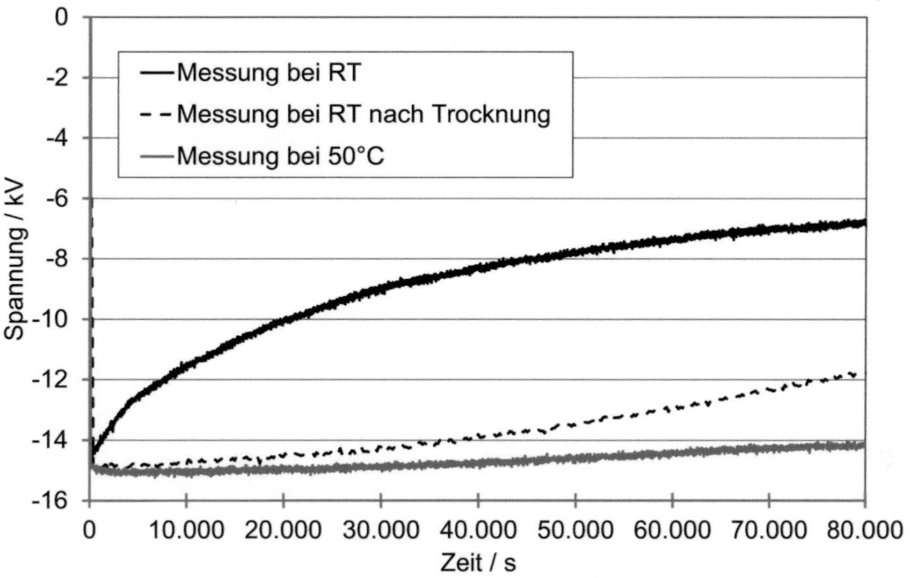

Bild 4-6: Potentialverläufe des 26%-Belages bei unterschiedlichen Feuchtezuständen bei Raumtemperatur im Vergleich mit der Messung bei 50 °C.

5. Bestimmung von Materialwerten

In diesem Kapitel wird das dielektrische Verhalten von RIP anhand durchgeführter Messungen untersucht, siehe Abschnitt 5.1. Weiterhin werden die gewonnenen Erkenntnisse für die Durchführung von Simulationen genutzt, Kapitel 5.3, und die Ergebnisse der Simulationen entsprechend bewertet und dargestellt, Kapitel 7.3.

5.1 Messtechnische Ermittlung von Materialwerten

In diesem Kapitel wird die experimentelle Untersuchung des Isolierwerkstoffes RIP vorgestellt. Um Aussagen über die Verteilung des Potentials im Inneren der Durchführung treffen zu können, ist es notwendig die Verhältnisse der Leitfähigkeiten bei verschiedenen Temperaturen zu kennen.

Um die genauen Leitfähigkeitswerte bzw.- -eigenschaften des Materials zu bestimmen, sollte die zur Messung verwendete Probe aus einem identisch gefertigten Material bestehen. Daher sollte nicht nur das Epoxidharz bzw. das Krepppapier alleine gemessen werden, sondern die Probe sollte aus einem fertig produzierten Prüfkörper entnommen werden, da die eingelegten Steuerbeläge auch zur Leitfähigkeit beitragen können.

Anmerkung: Bei bisherigen Materialmessungen wurden Proben verwendet, welche nicht im Bereich der Steuerstrecke liegen, und somit keine Steuerbeläge enthielten. Die nachfolgend dargestellte Problemstellung bezüglich axialer und radialer Unterschiede in der Leitfähigkeit war dennoch auch hier vorhanden. Die Ursache hierfür wurde unter anderem bei der Faserbrückenbildung entlang von Zellulosefasern und in der unterschiedlichen prozentualen Verteilung von Harz und Papier vermutet.

Durch die konzentrisch angeordneten Steuerbeläge ergeben sich hierdurch bei PDC-Messungen, wie sie bereits in Abschnitt 2.2.2 beschrieben wurden, allerdings Probleme bei der Messung. Je nach Ausführung der ebenen Probe ergeben sich durch die Schnittrichtung (axial bzw. radial) zwei unterschiedliche Proben.

Eine Probe, bei der die Steuerbeläge senkrecht zur Messfläche stehen (radial geschnitten), bietet durch die eingelegten Metallfolien leitfähige Pfade durch die Probe hindurch. Die gemessene Leitfähigkeit entspricht dabei nicht dem Isolationsmaterial sondern wird vor allem durch den Anteil der Metallfolien bestimmt.

Die axial geschnittene Probe entspricht den realen Leitfähigkeitsverhältnissen von Durchführungen deutlich besser. Dennoch sind auch hier, wie in Bild 5-1 zu sehen je nach Dicke der Probe, Anzahl der Steuerbeläge und Krümmungsradius der Steuerbeläge nicht die gleichen Verhältnisse wie in realen Durchführungen anzutreffen. Auch hier kann die Problematik der leitenden Verbindungen durch die Steuerbeläge bestehen, Bild 5-1 mittlerer Ausschnitt. Weiterhin besteht durch die Krümmung der Steuerbeläge die Möglichkeit, dass sich ein Steuerbelag durch mehrmaligen leitenden Kontakt mit der Messfläche als eine erweiterte Messelektrode ausbildet und dadurch die Probengeometrie, vor allem die Probendicke teilweise verfälscht wird, Bild 5-1 unterer Ausschnitt.

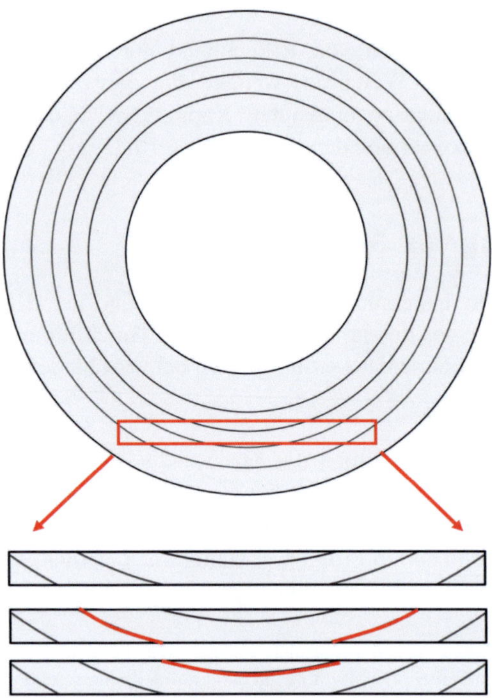

Bild 5-1: Radialer Schnitt durch einen Durchführungswickel (oben) und Schnitt durch sich daraus ergebende Materialproben (unten).

Aus den oben genannten Gründen wurde deshalb bewusst auf eine Materialmessung durch speziell gefertigte Proben verzichtet. Anstelle dessen soll das Material direkt in dem für die Potentialmessungen verwendeten Prüfkörper gemessen werden. Probleme mit ebenen Plattenprüflingen, wie oben beschrieben, sollen so vermieden werden. Zu diesem Zweck wurde die Messspannung des PDC-Gerätes an der Einlage Nummer 10 angelegt und der Messeingang wurde mit dem Steuerbelag 5 verbunden. Die anderen zugänglichen Anschlüsse an den Belägen 15 und 19, sowie der Leiter direkt wurden mit der Erde verbunden und dienten als dreidimensionale Schutzringanordnung für die Messung, um Feldverzerrungen durch parasitäre Ströme möglichst auszuschalten. Der schematische Aufbau ist in Bild 5-2 sowie in Bild 4-2 zu sehen. Das gelbe Messvolumen im Bild erstreckt sich zur Verdeutlichung des Bereiches über die komplette Länge des Steuerbelages 5. In der Realität ist die elektrisch wirksame Fläche geringer, so dass hier mit der mittleren Länge gearbeitet wird.

Als geplante Messtemperaturen für die Messung sollten zusätzlich zu den normalerweise gemessenen Temperaturen 20 , 50 und 90 °C noch die Materialwerte bei 30 und 40 °C erfasst werden, um die, in den anschließenden Kapiteln beschriebene, Temperaturumrechnung bei weiteren Temperaturen verifizieren zu können.

Durch die in Kapitel 4.3.2 bereits beschrieben Problematik des Feuchteeinflusses auf elektrische Messungen ist es nicht möglich, die Temperaturen unter 50 °C direkt durch das Einstellen der Raumtemperatur zu messen. Um eine Befeuchtung des Prüfkörpers zu verhindern, war es notwendig, diesen vor Zutritt von normaler Umgebungsluft zu schützen. Dieser Schutz konnte durch Verpacken des Prüfwickels in eine Kunststoffhülle und Einbringen von Trockenmittel in diesen realisiert werden. Durch diesen Schutz ergab sich aufgrund der Beheizung der Klimakammer ein Problem für die PDC-Messungen. Die durch die Klimaanlage ausströmende warme und trockene Luft streicht aufgrund des Prüfaufbaus direkt über die Kunststoffhülle und lädt diese durch die konstante Reibung elektrostatisch auf, Bild 5-3.

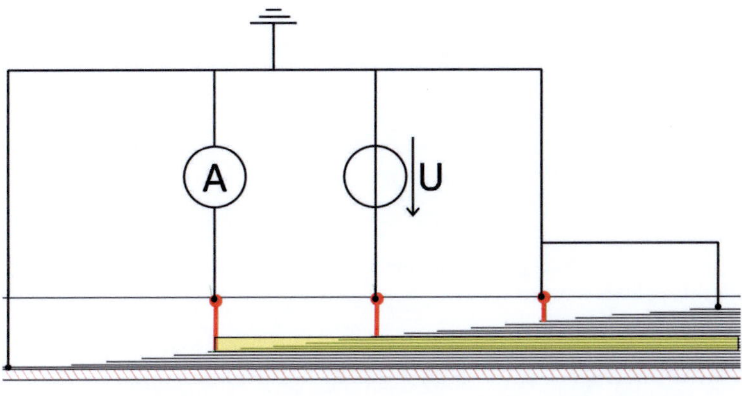

Bild 5-2: Messaufbau zur Durchführung der Materialuntersuchungen direkt am Prüfkörper (schematisch).

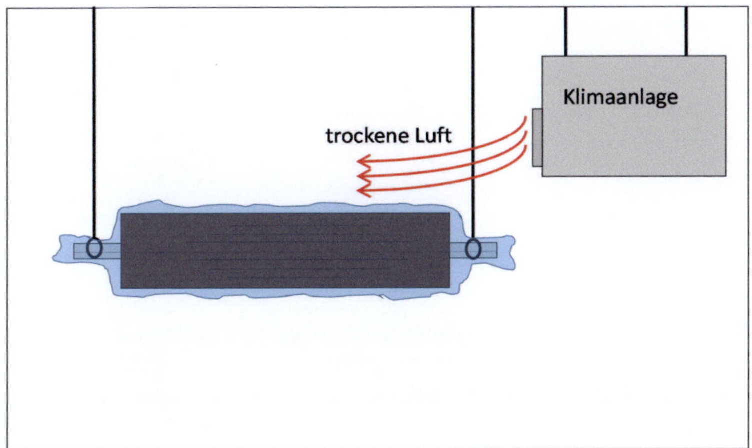

Bild 5-3: Darstellung der Problematik einer statischen Aufladung, bedingt durch den Aufbau innerhalb des Klimaraumes.

Um die sensiblen PDC-Messungen nicht durch diese elektrostatische Aufladung zu verfälschen, wurde die Hülle mittels Aluminiumfolie ummantelt und die Folie auf Erde gelegt. Um eine Beeinflussung der Messung durch diesen Aufbau auszuschließen, wurden zwei identische PDC-Messungen als Vergleich bei 50 °C durchgeführt. Die erste Messung fand ohne jeglichen zusätzlichen Aufbau statt, die zweite Messung erfolgte mit der kompletten Vorrichtung zum Schutz vor Befeuchtung und der auf Erde gelegten Ummantelung. Wie in Bild 5-4 zu sehen, sind die beiden Messungen im Rahmen der Messungenauigkeit identisch. Die graue Kurve ist der Polarisationsstrom über der Zeit in Sekunden der ersten Messung ohne Schutz, die schwarze die der zweiten mit Schutz. Die zugehörigen Depolarisationsströme sind in der jeweils zugehörigen Farbe gestrichelt dargestellt.

Somit ist sichergestellt, dass die Materialmessungen auch bei höherer Luftfeuchtigkeit nicht beeinflusst werden und diese somit auch bei niedrigeren Temperaturen stattfinden können. Zur Messung wird der Prüfkörper bei den Prüftemperaturen von 20, 30, 40 und 50 °C zwei Tage lang im Messaufbau konditioniert bevor dann die eigentliche Messung bei der jeweiligen Temperatur stattfindet.

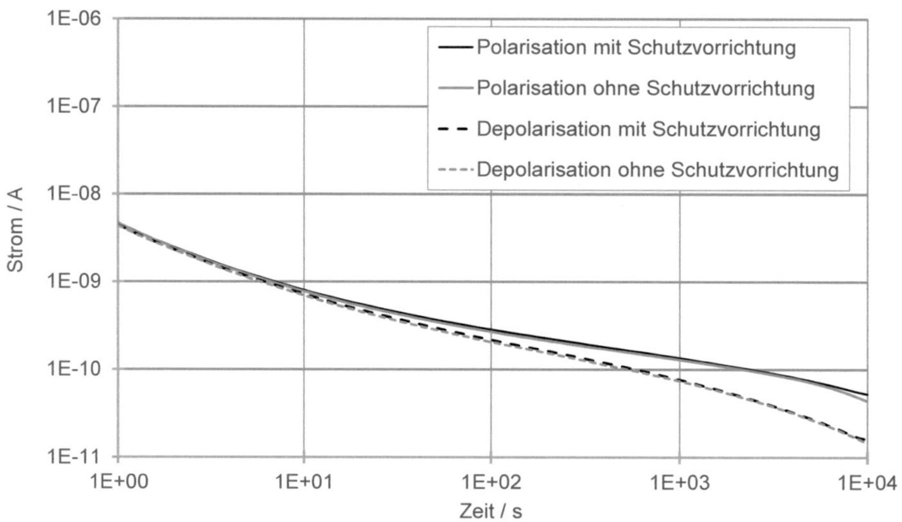

Bild 5-4: Direkter Vergleich einer Messung mit und einer Messung ohne Vorrichtung zum Schutz vor Befeuchtung sowie der auf Erde gelegten Ummantelung der Hülle.

Die Materialmessung bei 90 °C wiederum kann ohne den Schutz vor Feuchtigkeit erfolgen. Da in der Klimakammer eine Temperatur von 90 °C nicht eingestellt werden kann, wird die Temperatur mithilfe des auch bei den Potentialmessungen verwendeten Heizstabes eingestellt. Hierzu wurde ein Temperaturprofil, wie später in Abschnitt 7.1 beschrieben wird, eingestellt bei welchem sich in dem zu messenden Bereich eine durchschnittliche Temperatur von 90 °C ergibt. Das zugehörige Temperaturprofil ist in Bild 5-5 erkennbar. Die Verläufe der Temperaturfühler auf der Höhe T2 bzw. T3 sind dunkelgrau mit verschiedenen Stricharten markiert, der Durchschnitt aus diesen wird durch die schwarze Kurve repräsentiert. Die für die einzustellende Temperatur nicht relevanten Kurven wurden hellgrau dargestellt. Wie gut zu erkennen ist, entspricht die durchschnittliche Temperatur der gewünschten Messtemperatur von 90 °C sehr gut. Die maximalen Schwankungen der Durchschnittstemperatur, nach einer Einschwingphase welche in der Grafik durch eine senkrechte dunkelgrau gestrichelte Linie zum Zeitpunkt von etwa 4:15 Uhr dargestellt ist, zur gewünschten Temperatur nach oben bzw. nach unten sind 1,31 bzw. 1,36 K.

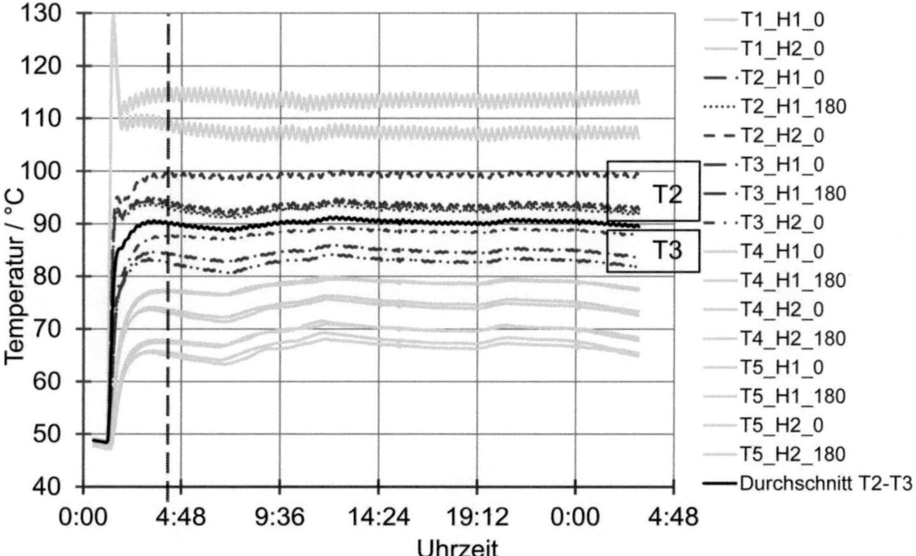

Bild 5-5: Darstellung des zugehörigen Temperaturprofiles für die Materialmessung bei 90 °C. Die Kurven der für den ausgewählten Bereich relevanten Temperaturfühler wurden dunkelgrau hervorgehoben, die irrelevanten sind hellgrau dargestellt. Zusätzlich werden die Fühler der Bereiche T2 bzw. T3 im Endbereich mit einer Box eingerahmt, um die Zuordnung leichter erkennen zu können. Bei etwa 4:15 Uhr stellt die senkrechte grau gestrichelte Linie das Ende der Einschwingphase dar.

Die Kurven der Messungen mit Schutz und die der soeben geschilderten Messung bei 90 °C sind in Bild 5-6 erkennbar. Von unten nach oben mit der Messtemperatur ansteigend ist jeweils der Polarisationsstrom der Messungen bei 20 bis 90 °C über der Zeit zu sehen.

Mithilfe der zugehörigen Evaluationssoftware des PDC-Analyser werden für die jeweiligen Kurven die entsprechenden dielektrischen Ersatzelemente, wie in Bild 6-3 zu sehen, berechnet. Die Berechnung erfolgt dabei durch ein Kurvenfitting mit Exponentialfunktionen [Houh98], S. 18 ff.

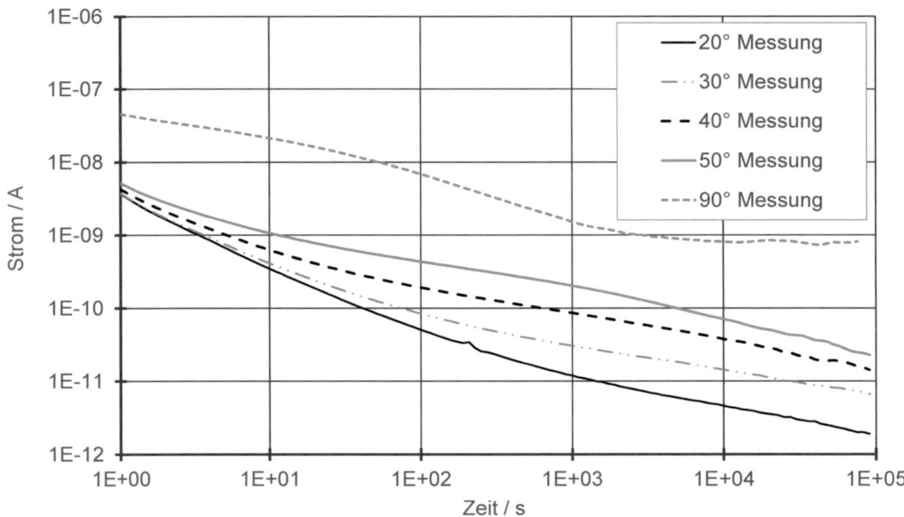

Bild 5-6: Übersicht über die durchgeführten Materialmessungen bei 20, 30, 40, 50 und 90 °C. Die Messtemperatur steigt von der untersten Kurve zu den oberen an.

Zur Verwendung der gewonnenen Daten für die Simulation werden diese auf die ebenen Prüflinge zurückgerechnet. Die zugehörige Umrechnungsmethode ist in Kapitel 6.1 dargelegt. Mit Hilfe der Schichtdicke zwischen den gemessenen Einlagen und einer angenommenen Messfläche, welche die Größe des Mittelwertes der Mantelflächen der beiden gemessenen Einlagen hat, können die Materialdaten auf die eben Prüflinge normiert werden. Anschließend können diese mithilfe der Gleichungen (6-1) bis (6-5) an die jeweils benötigte Elementgeometrie angepasst werden.

Um die bisher nur an den fünf Messpunkten ermittelten Materialwerte auch auf andere Temperaturen umrechnen zu können, soll mit Hilfe der Aktivierungsenergie die bisherigen Temperaturen auf andere Temperaturen umgerechnet und somit an die vorhandenen Temperaturprofile angepasst werden, siehe Kapitel 5.3.

5.2 Bestimmung der Aktivierungsenergie durch Ermittlung eines Verschiebungsfaktors

Wie in den Materialmessung bereits zu sehen, Bild 5-6, besteht eine deutliche Abhängigkeit der elektrischen Leitfähigkeit von der Messtemperatur. Diese kann sich selbst bei relativ geringen Temperatursteigerungen von 10 K schon deutlich erhöhen. Mit steigender Temperatur werden die Beweglichkeit der Ionen und die Zahl der auf Leitungsniveau gehobenen Elektronen exponentiell erhöht [Küch17], S. 282. Bei Annahme eines linearen Verhaltens des Dielektrikums über den betrachteten Temperaturbereich bleiben die prinzipiellen Polarisations- bzw. Leitungsmechanismen erhalten. Durch diese Tatsache ist es theoretisch möglich, unter Zuhilfenahme der Aktivierungsenergie W das Verhalten bei anderen Temperaturen vorherzusagen. Für die Materialmessung bedeutet dies, dass die das Dielektrikum beschreibende Kurve auf andere Temperaturen umgerechnet werden kann und somit das dielektrische Verhalten bei dieser Temperatur nachzubilden vermag. Gleichung (5-1) [Küch17], S. 282, zeigt dies beispielhaft für die Leitfähigkeit κ.

$$\kappa = \kappa_0 \cdot \mathrm{e}^{-\frac{W}{\mathrm{k} \cdot T}} \tag{5-1}$$

In dieser Gleichung stellen W die materialspezifische Aktivierungsenergie des RIP und k die Boltzmann-Konstante dar. Wie bereits bei Zink [Zink13], S. 66 ff. gezeigt, ist diese Technik sowohl für den Zeit- als auch den Frequenzbereich bei dielektrischen Messungen der Leitfähigkeit einsetzbar. Für die durch RC-Ersatzelemente nachgebildete Materialmessung bedeutet dies, dass zur Umrechnung die einzelnen Widerstandswerte analog zu o.g. Gleichung verwendet werden können, die Kapazitäten bleiben konstant und müssen nicht angepasst werden.

Im Rahmen dieser Arbeit wurden verschiedene Methoden zur Gewinnung der Aktivierungsenergie untersucht. Die letztlich zielführende Methode wird in diesem Kapitel geschildert. Die weiteren untersuchten Methoden, welche bei Vorliegen anderer Materialdaten zu einer Lösung führen könnten, werden in Anhang A vorgestellt.

Im weiteren Verlauf dieses Kapitels wird erstmals ein neues Verfahren zur Ermittlung der Aktivierungsenergie mithilfe eines empirisch ermittelten Verschiebungsfaktors vorgestellt. Mit diesem können die vorhandenen Messdaten auf die jeweils zur Simulation benötigte Temperatur erfolgreich und mit guter Genauigkeit umgerechnet werden.

Die notwendige theoretische Herleitung hierzu findet sich in [Liao12]. Dort wird ein Verfahren zur Kompensation der Temperatur bei FDS (frequency domain spectroscopy) Messungen vorgestellt. Hierbei wird ein Verschiebungsfaktor α_{T} bestimmt indem die Frequenz bei identischen Y-Werten gemessener Verlustfaktorkurven bestimmt und nach (5-2) in Relation gesetzt werden. Hierbei ist f_{ref} die Frequenz der Referenzkurve eines beliebigen Verlustfaktorwertes, und f_{T} die zugehörige Frequenz der Vergleichskurve an welcher der Verlustfaktorwert übereinstimmt.

$$\alpha_{\mathrm{T}} = \frac{f_{\mathrm{T}}}{f_{\mathrm{ref}}} \tag{5-2}$$

Nach [Zink13], S. 66 ff. ist dieses Verfahren nicht nur für Verlustfaktormessungen im Frequenzbereich, sondern auch für Leitfähigkeitsmessungen im Zeitbereich einsetzbar und liefert dabei gute Ergebnisse. Die entsprechenden theoretischen Überlegungen entstammen aus der genannten Arbeit und werden nachfolgend kurz zusammenfassend wiedergegeben.

Rein formal sind sowohl die FDS- als auch die PDC-Messung identisch und können ineinander umgerechnet werden. Die für den Leitfähigkeitsverlauf ausschlaggebenden Polarisationsmechanismen treten bei allen Temperaturen in gleicher Höhe bzw. Ladung auf, eine Erhöhung der Temperatur bestimmt nur die Geschwindigkeit der Ladung bzw.

Entladung. Entsprechend bleiben die in den das Dielektrikum beschreibenden Ersatzschaltbildern die Kapazitäten erhalten und nur die Widerstände müssen zur Änderung der Ladungsgeschwindigkeit angepasst werden. Durch die Anpassung der Widerstände wird durch die Änderung der Ladezeiten einerseits eine horizontale Verschiebung entlang der Zeitachse erreicht, was im Zeitbereich einer Verschiebung der Frequenz entspricht. Andererseits wird dadurch die Änderung der Leitfähigkeit bzw. des Isolationswiderstandes mittels einer horizontalen Verschiebung ausgedrückt. Aufgrund des linearen Zusammenhangs zwischen ln α_T und $(1/T_{ref} - 1/T)$ und ihrer gemeinsamen Verknüpfung mit der Arrhenius Beziehung gilt analog zu den Gleichungen (A-1) und (5-2) die folgende Gleichung (5-3):

$$\ln \alpha_T = \frac{w}{k} \cdot \left(\frac{1}{T_{ref}} - \frac{1}{T}\right) \tag{5-3}$$

Bei entsprechender Anwendung dieser Methode können zwei gemessene Kurven aufeinander umgerechnet werden.

Die alleinige Änderung der Widerstände geht dabei mit einer Änderung der Zeitkonstanten τ nach (5-4) einher.

$$\tau = R \cdot C \tag{5-4}$$

Somit können durch eine Verschiebung theoretisch auch nicht gemessene Bereiche der Polarisationskurven ermittelt werden. Eine Verschiebung zu niedrigeren Temperaturen stellt dabei eine Verschiebung zu längeren Zeiten hin dar, der umgekehrte Fall lässt Rückschlüsse auf kleinere Zeiten zu.

Eine erneute Schätzung des Endwertes des Isolationswiderstandes bei einer Temperatur ist dahingehend durch eine Verschiebung einer, bei höherer Temperatur gemessenen Kurve zu längeren Zeiten hin möglich. Entsprechend bedeutet dies, dass zur Bestimmung des Endwertes theoretisch nur der für die Gleichstromleitfähigkeit zuständige Widerstand R_0 umgerechnet werden muss.

Zur Berechnung des Verschiebungsfaktors und der damit verbundenen Schätzung des Isolationswiderstandes wird nach Gleichung (5-3) neben den Temperaturen auch die eigentlich gesuchte Aktivierungsenergie benötigt.

Im Umkehrschluss bedeutet dies aber auch, dass bei Kenntnis des Verschiebungsfaktors die Aktivierungsenergie nach (5-5) berechnet werden kann.

$$w = \frac{\ln \alpha_T \cdot k}{\left(\frac{1}{T_{ref}} - \frac{1}{T}\right)} \tag{5-5}$$

Durch das Fehlen von verlässlichen Endwerten der Messungen bei Temperaturen unter 90 °C konnte bisher keine Basis zur Berechnung der tatsächlichen Aktivierungsenergie gefunden werden.

Die prinzipielle Funktionsweise dieser Methode kann dennoch zur Gewinnung von Ergebnissen genutzt werden, indem nun von vorhandenen Kurven auf den Verschiebungsfaktor geschlossen werden soll. Dazu wird durch die Methodik der Kurvenverschiebung nun auf graphische Weise der Verschiebungsfaktor empirisch ermittelt. Dieses Vorgehen ist vor allem dadurch möglich, dass bereits eine Messung bei höherer Temperatur vorliegt, welche ihren Endwert bereits erreicht hat. Diese Kurve soll nun auf eine Kurve bei niedrigerer Temperatur verschoben werden, um die Zeitverläufe zu verlängern. Durch den daraus gewonnenen Verschiebungsfaktor kann dann die für weitere Temperaturumrechnungen benötigte Aktivierungsenergie gewonnen werden.

Zur graphischen Verschiebung werden die einzelnen Punkte der Referenzkurve mit einem angenommenen Faktor multipliziert um an die vorliegende Kurve bei anderer Messtemperatur angepasst zu werden. Im vorliegenden Fall sollen nach folgenden Gleichungen (5-6) und (5-7) die Zeitpunkte $t_{(\mathrm{T})}$ und die Polarisationsströme $i_{\mathrm{p(T)}}$ von 90 auf 50 °C verschoben werden.

$$t_{(50)} = \frac{t_{(90)}}{\alpha_{\mathrm{T}}} \tag{5-6}$$

$$i_{\mathrm{p(50)}} = i_{\mathrm{p(90)}} \cdot \alpha_{\mathrm{T}} \tag{5-7}$$

Durch schrittweise Annäherung der verschobenen Kurve an die gemessene kann auf diese Weise der passende Faktor von 0,01 empirisch ermittelt werden. Diese Vorgehensweise wird in Anhang A.4 dargestellt, in Bild 5-7 wird das Ergebnis präsentiert, hier ist neben den zwei Messkurven die um den Faktor 0,01 verschobene Kurve der 90 °C Messung dargestellt.

Nach (5-8) ergibt sich somit die Aktivierungsenergie W:

$$W = \frac{\ln(0{,}01) \cdot 1{,}381^{-23}\frac{\mathrm{J}}{\mathrm{K}}}{(\frac{1}{363{,}15\mathrm{K}} - \frac{1}{323{,}15\mathrm{K}})} = 1{,}86582^{-19}\mathrm{J} \approx 1{,}16\ \mathrm{eV} \tag{5-8}$$

Anmerkung: Die erhaltene Aktivierungsenergie von 1,16 eV liegt aufgrund des Harzes als Imprägniermittel erwartungsgemäß über der in [Zink13], S. 58 ermittelten Aktivierungsenergie von OIP- Durchführungen (0,87 eV). Durch die dichtere Struktur von Presspan gegenüber des Krepppapierwickels liegt die in [Scho16], S. 124 ermittelte Energie von ölimprägniertem Pressspan (1,28 eV) höher. Trotz der höheren Zellulosedichte liegt die in derselben Arbeit ermittelte Aktivierungsenergie von luftimprägniertem Pressspan (0,9 eV) aufgrund des „fehlenden“ Imprägniermediums niedriger.

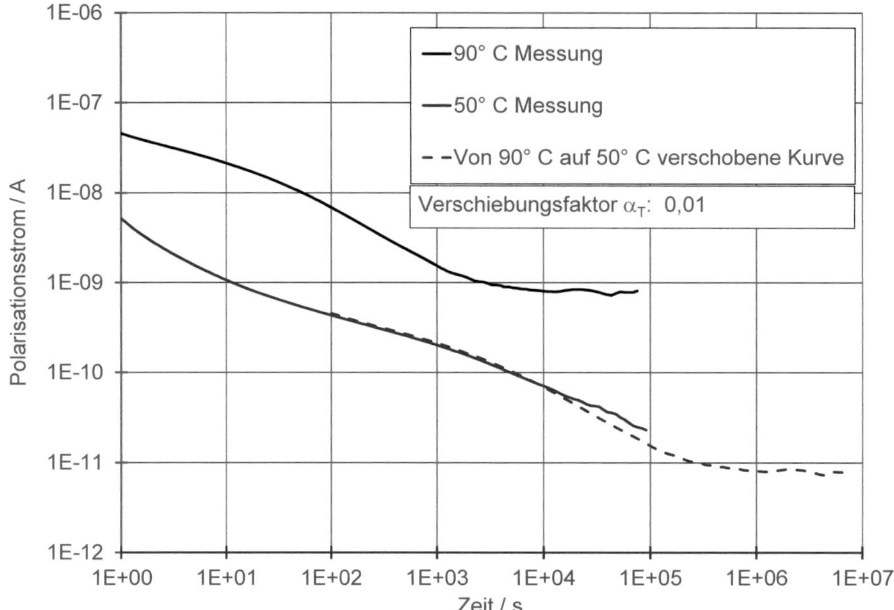

Bild 5-7: Durchgeführte Polarisationsstrommessungen bei 90 °C (schwarz) und 50 °C (dunkelgrau) und die um den Faktor 0,01 verschobene Kurve (gestrichelt) der 90 °C Messung.

Mit der gewonnenen Aktivierungsenergie soll zur Verifikation des Ergebnisses nun der Verschiebungsfaktor von 90 °C auf 20 °C berechnet werden. Die daraus resultierende Kurve kann mit der durchgeführten Messung verglichen werden. Nach Gleichung (5-5) ergibt sich für die Verschiebung von 90 °C auf 20 °C mit der berechneten Aktivierungsenergie ein Verschiebungsfaktor α_{20} von 0,00013.

In Bild 5-8 sind die Messkurven und die auf 20 °C verschobene Kurve zu sehen. Durch den in diesem Fall gewählten Verschiebungsfaktor bildet die verschobene Kurve den Endbereich der 20 °C Messung in deutlich besserer Genauigkeit ab, als in den Kapiteln A.1 und A.2 bisher erreicht. Die erreichte Genauigkeit ermöglicht hierdurch eine genügend genaue Nachbildung zum Zweck der thermischen Kompensation. Den weiteren Berechnungen kann somit die ermittelte Aktivierungsenergie zugrunde gelegt werden.

Anmerkung: Die Erfassungsgrenze des PDC-Analysers liegt bei 10^{-12} A. Die Bildung eines Messpunktes entsteht durch Mittelwertbildung aller erfassten Stromwerte in den jeweiligen Zeitbereichen. Da Werte unter 1 pA aufgrund der Erfassungsgrenze somit als 0 erfasst werden, kann teilweise beobachtet werden, dass in der Nähe der Erfassungsgrenze die Werte unter den eigentlich erwarteten Werten liegen, da beispielsweise Stromwerte von 0,9 pA als 0 in die Mittelwertbildung einfließen. Weiterhin wäre eine Erfassung der in Bild 5-8 gezeigten Ergebnisse bei Raumtemperatur nicht mehr möglich, da die Endwerte unterhalb der Erfassungsgrenze liegen.

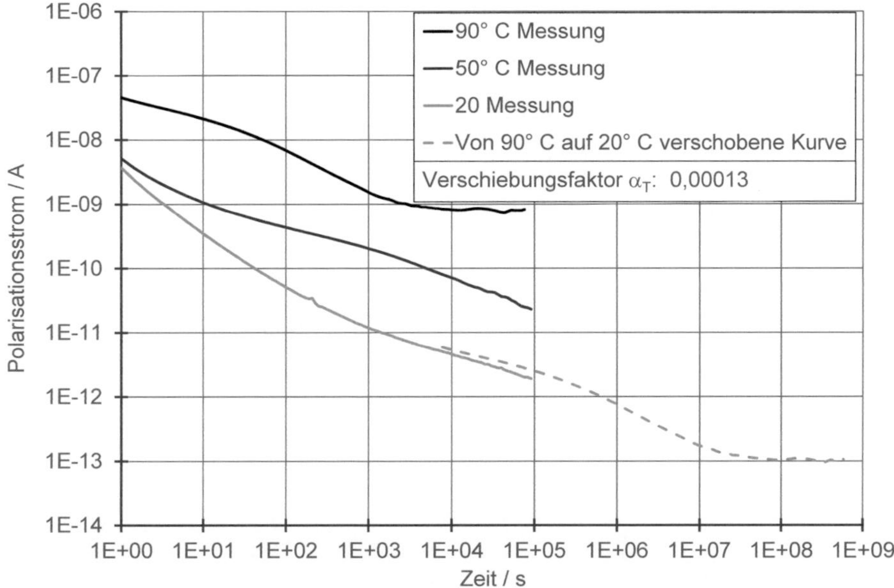

Bild 5-8: Durchgeführte Polarisationsstrommessungen bei 90 (schwarz), 50 (dunkelgrau) und 20 °C (hellgrau) und die um den Faktor 0,00013 verschobene Kurve (gestrichelt) der 90 °C Messung.

Anmerkung: Eine weitere Methode um mögliche belastbare Endwerte zu erhalten wurde vor Fertigstellung dieser Arbeit noch veröffentlicht, allerdings hier nicht weiter verfolgt. In [Zink14] wird gezeigt, dass es möglich ist, die Isolationswiderstandswerte auch durch eine Verwendung der geflossenen Ladungsmengen abschätzen zu können. Dabei kann die Polarisationszeit auch relativ gering gewählt werden, solange für die Depolarisation eine genügend lange Zeit zur Verfügung steht.

5.3 Umsetzung für die Simulationsumgebung

Die Materialparameter können nun einerseits durch Berechnung des jeweiligen Verschiebungsfaktors ermittelt werden. Dazu wird die Ausgangskurve entsprechend des Faktors α_T verschoben und die sich hieraus ergebende neue Kurve kann durch ein Fitting mittels Exponentialfunktionen auf ein *RC*-Ersatzschaltbild reduziert werden. Dieses Verfahren ist durch das individuelle Fitting bei jeder neuen Temperatur aufwendig und zeitintensiv.

Andererseits können mithilfe der Aktivierungsenergie die bestehenden Ersatzschaltbilder der Messkurven auf andere Temperaturen umgerechnet werden. Bei diesem Verfahren muss das Kurvenfitting nur für die Ausgangsmessung durchgeführt werden. Die Anpassung an die jeweilige Temperatur erfolgt dann nur durch entsprechende Umrechnung der einzelnen Elemente. Zur eigentlichen Umrechnung werden nur die Widerstände benötigt, die Kapazitätswerte verändern sich bei unterschiedlicher Temperatur nicht, da die Polarisationsmechanismen erhalten bleiben, siehe hierzu auch Kapitel A.1. Anschließend können die benötigten Materialwerte an die jeweilige Geometrie angepasst und für die Simulation verwendet werden.

Als Ausgangsmessung zur Gewinnung der Materialparameter bei weiteren Temperaturen dient die Messung bei einer Temperatur von 90 °C. Diese hat innerhalb der Messdauer ihren Endwert erreicht, dadurch sind sämtliche Polarisationsmechanismen vollständig abgeschlossen. Sie dient somit als Referenzkurve.

Analog zu der Umrechnung der Leitfähigkeit nach Arrhenius, siehe Gleichung (5-1), wird zur Umrechnung der Widerstände (5-9) verwendet. Hierbei ist zu beachten, dass der Exponent in Gegensatz zu der Umrechnung bei Leitfähigkeiten positiv eingebracht wird. Diese Änderung ist notwendig, da bei steigender Temperatur die Leitfähigkeit zunimmt, der Isolationswiderstand aber fällt.

$$R = R_{\mathrm{x}} \cdot \mathrm{e}^{\frac{W}{\mathrm{k} \cdot T}} \tag{5-9}$$

Der Umrechnungskoeffizient nach Arrhenius für Widerstände R_{x} ist für jede Zeitkonstante getrennt zu bestimmen und wird zur Umrechnung der einzelnen Ersatzelemente auf andere Temperaturen benötigt. Die jeweilige Bestimmung von $R_{\mathrm{x},i}$ für die einzelnen R_iC_i-Glieder erfolgt nach folgender Gleichung (5-10):

$$R_{\mathrm{x},i} = \frac{R_i}{\mathrm{e}^{\frac{W}{\mathrm{k} \cdot T}}} \tag{5-10}$$

Die Ersatzschaltbilder können mithilfe der Summationsformel für den Polarisationsstrom nach Gleichung (2-4) in die entsprechenden Polarisationskurven bei der gewählten Temperatur umgerechnet und dargestellt werden. In Bild 5-9 werden die drei durchgeführten Polarisationsstrommessungen als durchgezogene Linien dargestellt. Die unter Zuhilfenahme der Summationsformel gewonnenen Kurven aus den *RC*-Ersatzschaltbildern sind gestrichelt dargestellt.

Die berechnete und die gemessene Kurve bei 90 °C stimmen überein, das Verfahren des Kurvenfittings mittels Exponentialfunktionen kann somit verwendet werden.

Die berechnete Kurve bei 50 °C bildet ab einem Zeitpunkt von ca. 50 Sekunden die durchgeführte Messung in guter Übereinstimmung nach. Die beiden Kurven bei 20 °C liegen erst ab einem Zeitpunkt von ca. 3.000 Sekunden aufeinander, stimmen dann aber auch in weiteren Verlauf gut überein. Diese bei kleineren Temperaturen erst späte Übereinstimmung ist bei Betrachtung der Zeitkonstanten in Tabelle 5-1 allerdings erklärbar, da erst ab der kleinsten berechneten Zeitkonstante zuverlässige Werte anhand der *RC*-Glieder gebildet werden können. Die nach Gleichung (5-4) jeweils berechneten kleinsten Zeitkonstanten mit den zugehörigen Widerständen und Kapazitäten bei den jeweiligen Temperaturen sind in Tabelle 5-1 zu finden, die vollständigen Ersatzschaltbilddaten sind in Anhang A.3 zur vollständigen Ansicht dargestellt.

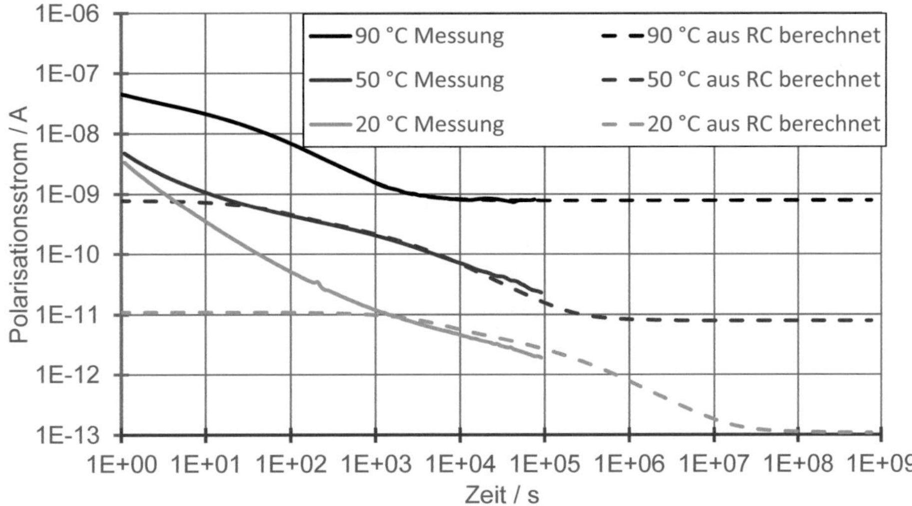

Bild 5-9: Durchgeführte Polarisationsstrommessungen (durchgezogen) und zugehörige Kurven aus den ermittelten *RC*-Ersatzelementen (gestrichelt).

Tabelle 5-1: Zeitkonstanten der jeweils ersten *RC*-Glieder.

Temp / °C	C_1 **/ F**	R_1 **/ Ω**	τ_1 **/ s**
90	$8{,}54 \cdot 10^{-12}$	$6{,}58 \cdot 10^{10}$	0,56
50	$8{,}54 \cdot 10^{-12}$	$6{,}58 \cdot 10^{12}$	55,6
20	$8{,}54 \cdot 10^{-12}$	$4{,}75 \cdot 10^{14}$	3861,65

Anmerkung: Da die Kapazitäten wie bereits geschildert nicht umgerechnet werden, ist bei allen drei Temperaturen der identische Ausgangswert der 90 °C Messung zu finden.

Anhand dieser Tabelle ist nun ersichtlich, dass die entsprechend umgerechneten Ersatzschaltbilder die tatsächlichen Kurven erst ab den in der Tabelle ersichtlichen Zeitkonstanten wirklich nachbilden können. Für eine Beschreibung von kürzeren Zeitpunkten fehlen die notwendigen Zeitkonstanten und eine exakte Darstellung ist nicht möglich. Hierdurch können die schnelleren Polarisationsvorgänge, beispielsweise direkt nach Zuschalten oder nach Umpolung der Spannung, nicht in genügend genauer Weise dargestellt werden. Eine Simulation dieser Zeitpunkte liefert somit kein verlässliches Ergebnis.

Eine Darstellung der kleineren Zeitkonstanten ist bei Umrechnung von niedrigeren zu höheren Temperaturen möglich. In Bild 5-10 wird die Verschiebung der 50 °C auf die 90 °C Messung dargestellt. Der Verschiebungsfaktor hierzu entspricht dem Kehrwert der bekannten Verschiebung zu niedrigeren Temperaturen hin, also $\alpha_{50} = 1/\alpha_{90} = 100$. Die Übereinstimmung der beiden Kurven ist auch hier deutlich.

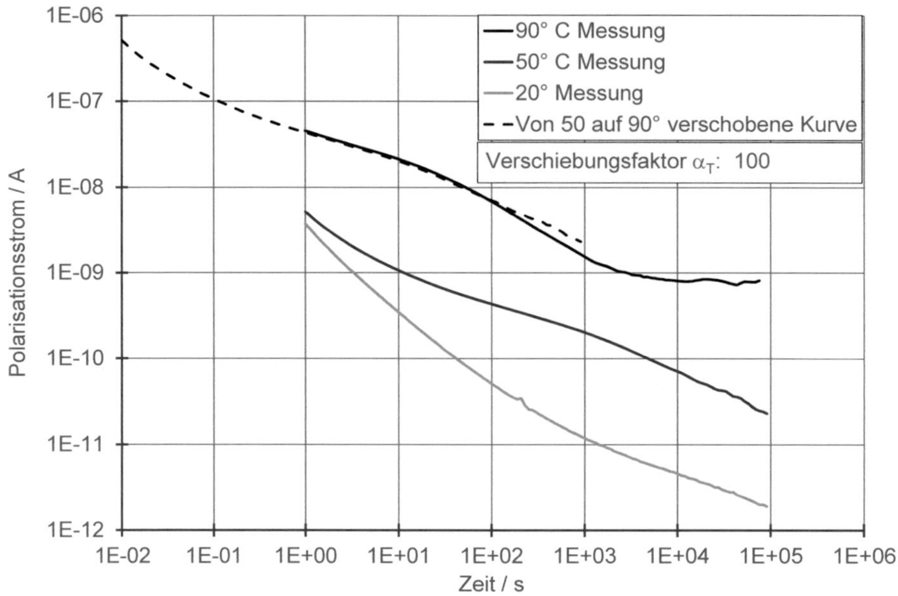

Bild 5-10: Durchgeführte Polarisationsstrommessungen bei 90 (schwarz), 50 (dunkelgrau) und 20 °C (hellgrau) und die um den Faktor 100 verschobene Kurve (gestrichelt) der 50 °C Messung.

Mit dieser Methode kann eine Darstellung von kleinen Zeitkonstanten vorgenommen werden. Allerdings besteht in diesem Fall umgekehrt dazu das Problem, dass die zugehörigen umgerechneten Zeitkonstanten zu langsamen Polarisationsvorgängen keine Aussagen mehr geben können. Eine Simulation des Endwertes der Polarisation, oder eine Aussage über die im Betrieb sich einstellenden stationären Zustände von Durchführungen und die dadurch zutage tretende Feldstärkebelastung ist dementsprechend nicht möglich.

Eine aussagekräftige Simulation muss allerdings alle Aspekte berücksichtigen können. Sowohl die schnellen Vorgänge zur Simulation von Spannungsänderungen als auch die sich nur langsam einstellenden Vorgänge zur Simulation eines stationären Betriebszustandes müssen sich aus der Simulation ergeben. Zusätzlich soll der transiente Übergang zwischen zwei Zuständen genügend genau nachgebildet werden. Um diese Anforderungen erfüllen zu können, genügt es also nicht, die Zeitkonstanten aus einer der vorgestellten Messreihen auf andere Temperaturen umzurechnen. Auch eine weitere Messung mit dem PDC-Analyser könnte dieses Problem nicht lösen, da dieser die Messwerte erst ab einer Sekunde erfasst und die maximale Messdauer 200.000 Sekunden beträgt. Durch diese Beschränkungen und die dielektrischen Polarisationseigenschaften des RIP können in einer Messung nicht alle relevanten Zeitkonstanten erfasst werden.

Die Methode, mittels Umrechnung unter Zuhilfenahme der Arrhenius Gleichungen, Kurvenwerte bei anderen Temperaturen gewinnen zu können, stellt deshalb ein sehr gut geeignetes Mittel dar um aussagekräftige und belastbare Simulationen für weite Zeitbereiche durchführen zu können. Durch die funktionierende Umrechnung ist es möglich, bei zwei vorhandenen Messreihen eine der beiden als Referenztemperatur auszuwählen, und die andere auf die entsprechende Temperatur umzurechnen. Die sehr gute Übereinstimmung der beiden Kurven macht es möglich, dass die beiden Kurven zu einer gemeinsamen, und hierdurch verlängerten, Kurve zusammengefügt werden.

Im Fall der vorgestellten Messungen wurde die 50 °C Messung als Referenzkurve gewählt und die 90 °C Messung wurde durch die vorgestellte Umrechnung auf die identische Temperatur umgerechnet, Bild 5-11 linke Seite. Zur Gewinnung der verlängerten Kurve wurden die Messwerte der Referenzkurve bis zum Zeitpunkt von 10.000 Sekunden verwendet. Die weiteren Kurvenwerte nach 10.000 Sekunden wurden aus der durch Umrechnung gewonnenen Kurve errechnet, dabei wurde das auch in [Zink13], S. 71 ff. vorgestellte Verfahren verwendet. Der Zeitpunkt von 10.000 Sekunden wurde gewählt, da der Kurvenverlauf der beiden Ursprungskurven etwa zwischen 100 Sekunden und 10.000 Sekunden weitgehend übereinstimmt. Durch die Wahl dieses Zeitpunktes kann eine natürlich wirkende Kurve ohne Sprünge erzeugt werden welche sich gut durch Zeitkonstanten annähern lässt, Bild 5-11 rechte Seite.

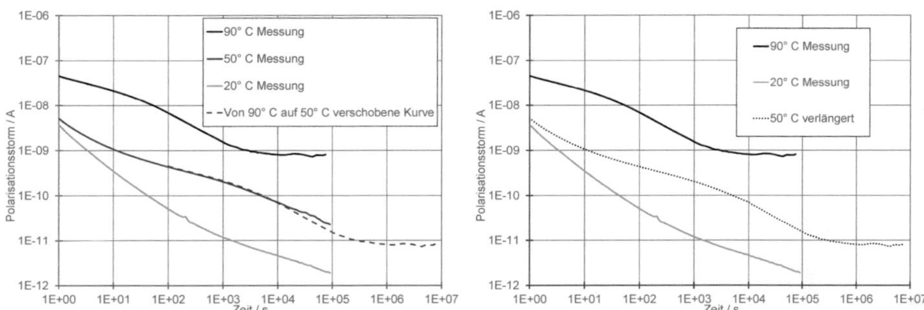

Bild 5-11: Links: Durchgeführte Polarisationsstrommessungen bei 90 (schwarz), 50 (dunkelgrau) und 20 °C (hellgrau) und die von 90 auf 50 °C verschobene Kurve (gestrichelt). Rechts: Durch Kombination der in linken Teil gezeigten 50 °C Messkurve und der auf 50 °C verschobenen Kurve wird eine verlängerte Kurve (gepunktet) bei 50 °C generiert und dargestellt.

Anmerkung: Die Verwendung der verlängerten 50 °C Kurve als Referenz für die weiteren Berechnungen fand willkürlich statt. Als Alternative bietet sich genauso gut eine zu kürzeren Zeitunkten hin verlängerte 90 °C Kurve an. Diese kann durch Verschieben bzw. Umrechnen der 50 °C Messkurve auf die 90 °C erreicht werden, siehe Bild 5-10. Auch in dieser dann entstandenen Kurve wären die nötigen Informationen, sowohl über schnelle Zeitvorgänge als auch über die Endwerte, vorhanden gewesen.

Die durch die Kurvenwerte definierte verlängerte Kurve stellt nun die Basis für die Umrechnungen auf weitere Temperaturen dar. Wie in Kapitel 5.1 bereits beschrieben, können durch ein Kurvenfitting mittels Exponentialfunktionen die für ein Ersatzschaltbild benötigten *RC*-Elemente erhalten werden. Durch die gewählte Beschränkung auf zehn Zeitkonstanten - siehe Kapitel 6.1 - wird die verlängerte Kurve im Bereich um 100.000 Sekunden nicht perfekt nachgebildet, sondern fällt etwas schneller ab, als die verlängerte Kurve, Bild 5-12. Trotz der auch in der ersten fünf Sekunden leicht abweichenden, durch

RC-Glieder berechneten, Kurve soll die Beschränkung auf zehn *RC*-Glieder bestehen bleiben, da dennoch eine gute Übereinstimmung mit der Ursprungskurve gegeben ist.

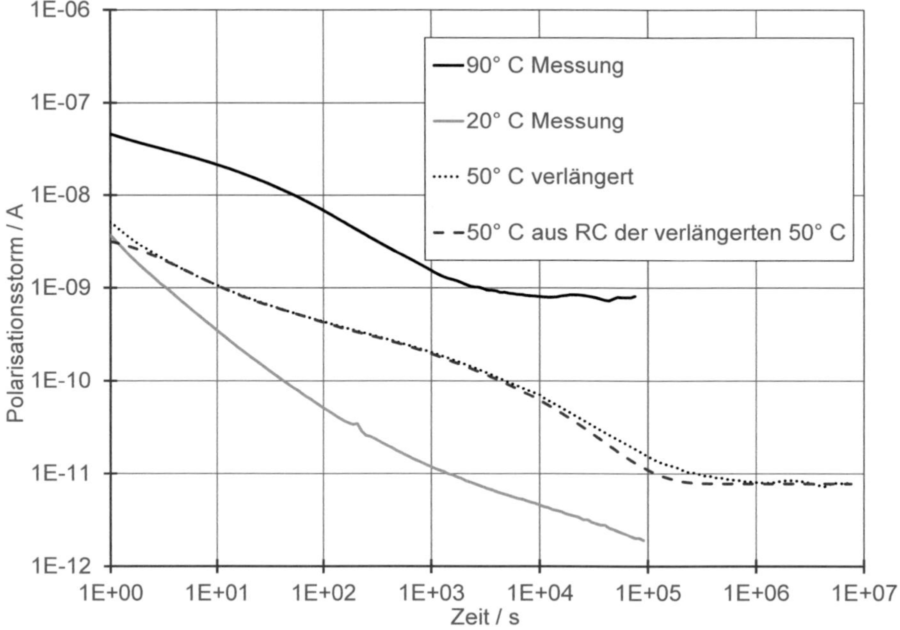

Bild 5-12: Zusätzlich zu den im rechten Teil von Bild 5-11 genannten Kurven wird hier die durch *RC*-Glieder angenäherte Kurve (gestrichelt) der verlängerten 50 °C Messung dargestellt.

Die durch das Kurvenfitting erhaltenen Ersatzelemente in Form von *RC*-Gliedern für die verlängerte 50 °C Kurve sind in Tabelle A-8 ersichtlich. Durch das erneute Fitting wurden auch die Werte der Kapazitäten neu ermittelt, diese neuen Werte bleiben für Umrechnungen auf andere Temperaturen konstant.

Bei Verwendung der ermittelten *RC*-Glieder bei 50 °C ergeben sich für die Temperaturen 20 und 90 °C nun ebenfalls neue *RC*-Ersatzelemente. Die durch die ersten Zeitkonstanten ermittelten Zeitpunkte, ab denen die Kurve bei den unterschiedlichen Temperaturen verlässlich dargestellt wird, sind in nachfolgender Tabelle 5-2 erfasst, die weiteren Daten der Ersatzelemente sind ebenfalls in Anhang A.3 in Tabelle A-9 und Tabelle A-10 aufgelistet.

Tabelle 5-2: Darstellung der kleinsten Zeitkonstanten welche sich bei Verwendung der verlängerten 50 °C Kurve für die Ersatzelemente ergeben.

Temp / °C	C_1 **/ F**	R_1 **/ Ω**	τ_1 **/ s**
90	$1{,}82\cdot10^{-12}$	$9{,}75\cdot10^{9}$	0,02
50	$1{,}82\cdot10^{-12}$	$9{,}75\cdot10^{11}$	1,78
20	$1{,}82\cdot10^{-12}$	$7{,}04\cdot10^{13}$	128,29

Die Nachbildung der Kurven mittels Ersatzschaltbild ist für die bei 50 °C ermittelten Werte ab 1,78 Sekunden verlässlich, und liegt damit im selben Bereich in welchem der PDC-Analyser anfängt, seine Messdaten aufzuzeichnen (der erste Messwert wird dabei bei einem Zeitpunkt von einer Sekunde angegeben). Auch der Zeitpunkt, ab welchem die 20 °C Messung verlässlich abgebildet werden kann hat sich deutlich - von 3861 auf 128 - Sekunden verringert. Die vorgestellte Methode kann somit zuverlässig zur Verlängerung der Kurven verwendet werden. Hierdurch können Messungen zur Erlangung eines Endwertes bei höheren Temperaturen durchgeführt und mit Messungen bei niedrigerer Temperatur kombiniert werden um für Simulationen taugliche Basiswerte zu erhalten.

Analog zu Bild 5-9 sind in Bild 5-13 die gemessenen Kurven durchgezogen und die sich durch Summation der *RC*-Glieder ergebenden Kurven gestrichelt dargestellt.

Anmerkung: Als Referenz wurden hier, im Gegensatz zu Bild 5-9, nun die Ersatzelemente der verlängerten 50 °C Kurve verwendet um die Werte bei anderen Temperaturen zu ermitteln.

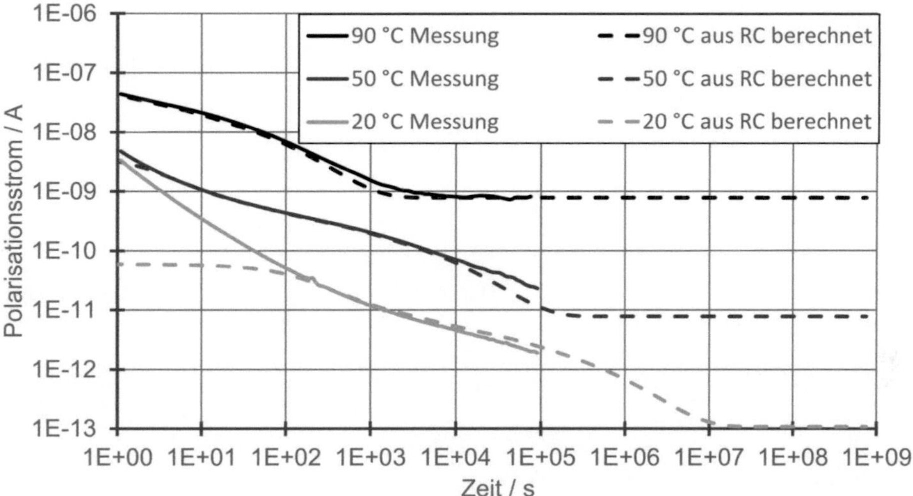

Bild 5-13: Durchgeführte Polarisationsstrommessungen (durchgezogen) und zugehörige Kurven aus den mit Hilfe der verlängerten 50 °C Kurve ermittelten *RC*-Ersatzelementen (gestrichelt).

Die 90 °C Messung wird auch hier durch Umrechnung der Ersatzelemente auf die aktuelle Messtemperatur sehr gut getroffen. Die Nachbildung der 20 °C Kurve gelingt wie aus den in Tabelle 5-2 ersichtlichen Werten nun bereits ab einem Zeitpunkt von etwas über 100 Sekunden.

Da nun die in den experimentellen Versuchen niedrigst vorkommende Temperatur von 50 °C durch *RC*-Ersatzelemente, sowohl für schnelle Polarisationsvorgänge als auch zur Bestimmung des Endwertes, nachgebildet werden kann, ist eine weitere Verschiebung auf noch niedrigere Temperaturen nicht nötig. Somit können für die Zwecke der später in Kapitel 7.3 vorgestellten Simulationen die ermittelten Umrechnungen verwendet werden.

Als Basis der Temperaturumrechnung dient somit die verlängerte Messkurve bei 50 °C bzw. deren *RC*-Ersatzschaltbild. Bei Verwendung dieser Basis ergeben sich die in Bild 5-14 dargestellten weiteren Kurven. Ausgehend von 50 °C wurden zur Veranschaulichung alle 10 K bis hin zu einer Maximaltemperatur von 120 °C die zugehörigen Polarisationskurven errechnet.

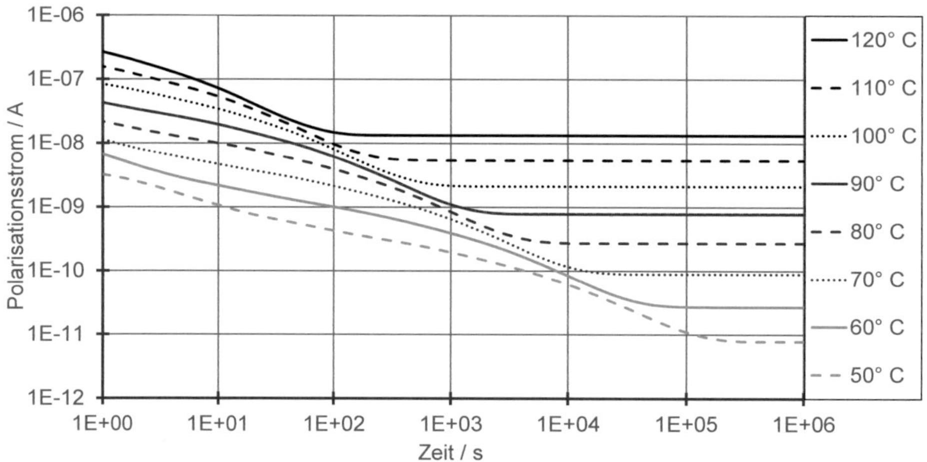

Bild 5-14: Durch Umrechnung der 50 °C Basiskurve auf andere Temperaturen entstehende Kurvenschaar des Polarisationsstromes.

Anmerkung: Die dargestellten Kurven aus Bild 5-14 dienen nur der Veranschaulichung, bei Verwendung in der Simulation können die Ersatzelemente für jede notwendige Bereichstemperatur einzeln angepasst werden.

Die weiteren, in Kapitel 5.1 bereits erwähnten Materialmessreihen bei 30 °C und 40 °C haben, zusammen mit der 20 °C Messung, aufgrund der durch den Prüfaufbau erforderlichen Minimaltemperatur von 50 °C für die durchgeführten Simulationen und Umrechnungen nur eine verifizierende Bedeutung. Um die Funktionsweise der Methode zu bestätigen werden in Bild 5-15 die Kurven bei niedriger Temperatur gezeigt.

Gut zu erkennen ist auch hier der weitgehend übereinstimmende Verlauf der 20, 30 und 40 °C Kurven mit dem zugehörigen berechneten Polarisationsstrom. Lediglich der Beginn der Kurven für die Zeitpunkte der schnellen Polarisationsvorgänge kann nicht korrekt dargestellt werden. Der übereinstimmende Bereich beginnt jeweils etwa mit der ersten Zeitkonstante, also bei 20 °C ab 128 Sekunden, bei 30 °C ab 28 Sekunden und bei 40 °C sind dies noch 7 Sekunden. Somit dienen die Messungen bei den niedrigen Temperaturen als Verifikation der durchgeführten Umrechnungsmethode.

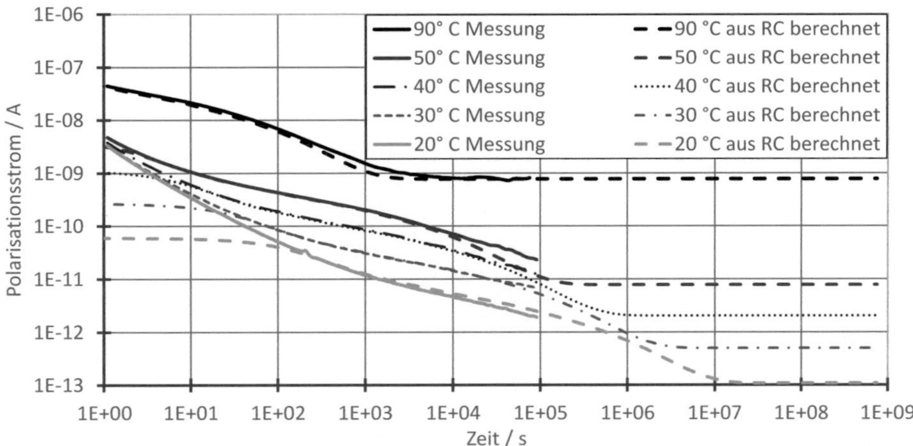

Bild 5-15: Durchgeführte Polarisationsstrommessungen und durch Temperaturumrechnung von der 50 °C Basiskurve gewonnene Kurven aus *RC*-Gliedern.

Die in den Simulationen erforderliche Minimaltemperatur von 50 °C kann mit der oben vorgestellten verlängerten Messkurve sowohl die langsamen als auch die schnell veränderlichen Vorgänge nachbilden und dient als Referenzkurve. Für darunterliegende Temperaturen ist es möglich die Endwerte und den Verlauf bei längeren Zeitkonstanten zu bestimmen, nicht aber die schnellen Polarisationsvorgänge nachzustellen. Um diese darstellen zu können, müsste erneut eine zusammenhängende Kurve bei dieser niedrigen Temperatur erstellt werden. Diese kann dann mittels Kurvenfitting angenähert werden um die Ersatzbilddaten zu gewinnen. Dieses Vorgehen entspricht der oben durchgeführten Methode zur Gewinnung der Referenzkurve bei 50 °C. Für diese Arbeit und die zugehörigen Simulationen wurde bewusst auf die Verwendung einer Referenzkurve bei beispielsweise 20 °C verzichtet. Dieser Verzicht kann durch die bereits erwähnte Beschränkung auf zehn *RC*-Glieder zur Reduktion der Komplexität begründet werden.

Bei der verlängerten 50 °C Kurve stellt sich der Endwert erst nach einem Zeitraum von etwa 500.000 Sekunden ein. Das auf zehn Glieder begrenzte Kurvenfitting hat bereits über diesen Zeitraum Probleme, die Kurve genau nachzubilden und weist schon leichte Abweichungen ab. Bei einer verlängerten 20 °C Kurve stellt sich der Endwert erst nach ca. 50.000.000 Sekunden ein, hierdurch hat ein auf zehn *RC*-Glieder begrenztes Fitting starke Probleme, die Kurve nachzubilden, und es kommt zu großen Abweichungen der ermittelten und der berechneten Kurve.

5.4 Thermische Grenzen der Temperaturkompensation bei Epoxidharz

Die angewandten Umrechnungsverfahren nach der Arrhenius-Gleichung basieren auf der Annahme eines linearen Verhaltens des betrachteten Dielektrikums. Eine Linearität besteht bei Isolierstoffen in der Regel allerdings nur über einen begrenzten Temperaturbereich. Nun stellt sich die Frage, inwieweit die vorgestellten Betrachtungen für den Isolierstoff RIP gelten, da eine Nichtlinearität bei hohen Temperaturen auftreten kann. Das aktuelle Kapitel legt dar, ob dieser Fall in dem für diese Arbeit betrachteten Temperaturbereich auftritt.

Nach Küchler [Küch17], S. 276, tritt bei einem der Hauptbestandteile des RIPs, dem Epoxidharz, eine Nichtlinearität der Dielektrizitätszahl auf: „Das duroplastische Epoxidharz verliert oberhalb der Glasumwandlungstemperatur T_g erheblich an mechanischer Festigkeit, ohne zu schmelzen. Durch die Erweichung werden auch polare Molekülgruppen leichter beweglich, ε_r steigt deutlich an. Je nach Epoxidharz liegt T_g oberhalb von etwa 100 °C, schon bei Temperaturerhöhungen von 20 °C auf 80 °C ergeben sich Anstiege der Dielektrizitätszahl bis zu 20 %."

Das in Durchführungen verwendete Epoxidharz sollte unter den für Durchführungen geltenden Bestimmungen nach IEC 60137 [IEC08] allerdings dazu ausgelegt sein, Glasumwandlungstemperaturen über der in Durchführungen erlaubten Maximaltemperatur zu besitzen. Gemäß [IEC08], Absatz 4.8 gilt dabei die folgende Bestimmung: „Die Temperaturgrenzen von Metallteilen, die unter üblichen Betriebsbedingungen mit Isolierstoff in Berührung stehen sind: [...] 120 °C für Hartpapier und harzgetränktes Papier: Klasse E". Die Glasumwandlungstemperatur und weitere Parameter wie beispielsweise die Kriechstromfestigkeit oder die Flammwidrigkeit können durch die verwendeten Komponenten Harz und Härter beeinflusst werden. Bei Verwendung von cycloalipathischen oder aromatischen Aminhärtern ergeben sich Glasumwandlungstemperaturen von 100 °C bis 160 °C [Küch17], S. 319.

Es ist davon auszugehen, dass die Glasumwandlungstemperatur oberhalb der zulässigen Temperatur von 120 °C für das verwendete RIP Material liegt. Es kann also bis hin zu dieser Temperatur angenommen werden, dass ein lineares Verhalten des Isolierstoffes vorliegt.

Für das verwendete RIP bedeutet dies, dass ein lineares Verhalten zumindest bis zu einer Temperatur von 120 °C vorausgesetzt werden kann. Für Temperaturen oberhalb dieser Grenze kann das vorgestellte Verfahren theoretisch auch verwendet werden, allerdings ist die Aussagekraft hierbei begrenzt, da ein nichtlineares Verhalten des Isolierstoffes angenommen werden muss.

Im Falle von RIP bedeutet dies, dass die polaren Molekülgruppen durch das Aufweichen des Harzes leichter beweglich werden und somit die Leitfähigkeit deutlich ansteigt. Bei einer Verwendung der Umrechnung oberhalb der Glasumwandlungstemperatur markiert das Ergebnis vermutlich die untere Grenze der möglichen Leitfähigkeit. Dies bedeutet, dass die reale Leitfähigkeit bei der berechneten Temperatur wahrscheinlich höher liegt.

Falls die verwendeten Szenarien Temperaturen oberhalb der Glasumwandlungstemperatur einsetzen würden sich die in Kapitel 7.3 gezeigten Ergebnisse der Simulationen noch drastischer darstellen. Für Simulationen in welchen solche Temperaturbereiche verwendet werden stellt die Umrechnung im nichtlinearen Fall sozusagen ein Best Case Szenario dar.

In der Regel sollte dennoch die Glasumwandlungstemperatur nicht überschritten werden, da durch die überhöhte Temperatur Umformungs-, Zersetzungs- und Alterungseffekte innerhalb des Dielektrikums auftreten können, welche das Dielektrikum nachhaltig verändern können.

6. Simulationsumgebung

Dieses Kapitel dient der Vorstellung der prinzipiellen Methoden zur Nachbildung der in Kapitel 5.2 gewonnenen Messergebnisse. Hierzu werden in den Abschnitten 6.1 und 6.2 die grundlegende Modellbildung sowie die Diskretisierung des Prüfkörpers und die verwendeten Modellvarianten geschildert und geben so einen ersten Einblick in die Simulationsumgebung. Abschnitt 6.3 zeigt die Anpassung der in Abschnitt 5.1 gemessenen Temperaturprofile an die diskretisierten Elemente des Simulationsmodells.

Ohne die Berücksichtigung von thermischen Gradienten und den daraus resultierenden Gradienten in der Leitfähigkeit ist es möglich, die Feldverteilung im Bereich der Steuerbeläge auch analytisch zu berechnen und dabei eine sehr gute Näherung zu erreichen. Die deutlich erhöhte Komplexität, welche sich durch die thermischen und elektrischen Gradienten ergibt, macht es allerdings notwendig, zur Berechnung auf computergestützte Berechnungssysteme zurückzugreifen. Das Werkzeug der Modellbildung und Simulation gibt hierzu die Möglichkeit, die entsprechenden Ergebnisse zum Betriebsverhalten zu analysieren. Mit diesen Methoden können dann Aussagen über das weitere Verhalten der Potentialaufteilung innerhalb von Durchführungen getroffen werden. Durch diese Aussagen wird es möglich, anzutreffende Problemstellung und mögliche Lösungsansätze zu untersuchen.

Zur elektrischen Simulation werden bei technischen Aufgaben Schaltungssimulationsprogramme oder FEM-Programme (Finite-Elemente-Methode) verwendet. Wie bereits geschildert, soll auf die Finite-Elemente-Methode aus Gründen der Berücksichtigung der Polarisationseffekte und zur Einsparung von Rechenzeit verzichtet werden. Es soll hingegen mit einfachen Mittel möglich sein, das Simulationsmodell an die gegebenen Bedingungen, wie Geometrie oder Materialeigenschaften, anzupassen und so große Flexibilität und gute Genauigkeit bei vertretbarer Rechenzeit zu erreichen. Als verwendetes Simulationsprogramm wurde die elektrische Schaltungssimulation Micro-Cap der Firma Spectrum Software als geeignetes Werkzeug verwendet. Micro-Cap basiert, wie die meisten anderen Schaltungssimulationsprogramme auch, auf der SPICE-Plattform (Simulation Program with Integrated Circuit Emphasis). Durch eine einfache Übergabe der zur Berechnung notwendigen Parameter eignet sich dieses Programm in besonderer Weise um flexibel und schnell die Simulation anzupassen ohne das eigentliche Modell verändern zu müssen.

6.1 Räumliche Diskretisierung und Modellbildung

Die Modellbildung erfolgt wie bei vielen anderen Verfahren zur Simulation auch durch Diskretisierung der Durchführung. Ähnlich zur Finiten-Elemente-Methode wird das Modell vereinfacht, indem man es in ein System von endlich vielen kleineren Teilen zerlegt. Diese Elemente besitzen genau festgelegte Eigenschaften und sind daher deutlich einfacher zu berechnen. Durch Zusammenschaltung dieser Elemente ist es damit möglich, das eigentliche Simulationsobjekt wieder zusammenzusetzen und zu simulieren. Als Basis hierfür wurde ein in P-Spice erstelltes Simulationsmodell aus [Seyb03] als Vorbild genommen, an den vorliegenden Prüfwickel angepasst und in das Simulationsprogramm MicroCap portiert.

Die Diskretisierung:
Ausgehend vom tatsächlichen Prüfobjekt wird dessen Geometrie als Vorlage zur räumlichen Diskretisierung verwendet. In Bild 6-1 ist der Ausschnitt eines prinzipiellen Querschnitts durch eine reale Durchführung gezeigt. Im oberen Teil erkennt man neben der Hauptisolation mit den eingelegten Steuerbelägen noch die Nebenisolation und den Flansch. Im unteren Teil der Zeichnung ist die Aufteilung in geometrische Bereiche dargestellt.

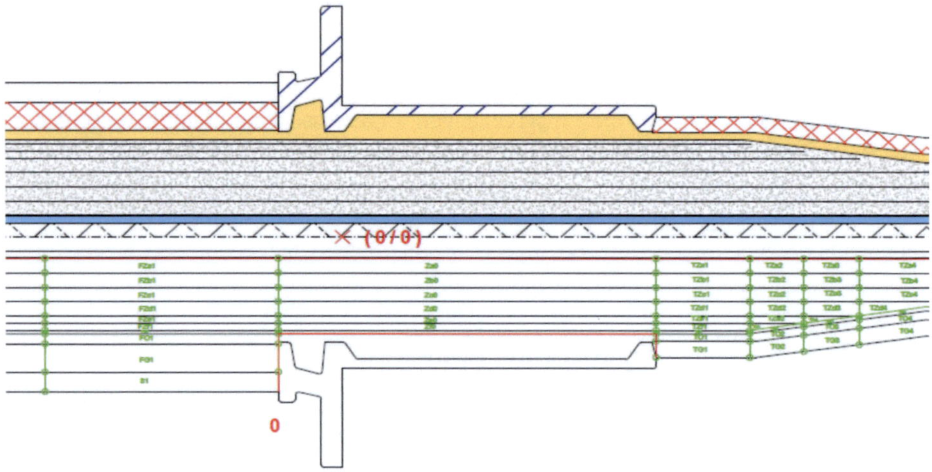

Bild 6-1: Technische Zeichnung einer Durchführung nach [Zink13], S. 126 - perspektivisch verzerrt.

Die Aufteilung der Potentialverteilung ist vor allem im Bereich der Steuerung interessant, weshalb vor allem dieser Bereich in guter Näherung abgebildet werden soll. Zur Aufteilung der Geometrie wurden Knotenpunkte vor allem an die im Prüfwickel bereits vorhandenen markanten Punkte wie die Steuerbeläge bzw. deren Enden gelegt.

Die Einteilung der Elemente in radialer Richtung wurde dabei durch die zur Messung zur Verfügung stehenden Steuerbeläge bestimmt. Der Bereich der Steuerung bis auf Höhe des Erdbelags wurde dabei in sechs Bereiche eingeteilt. Die Knotenpunkte befinden sich hierdurch auf Höhe des Leiters und des Erdbelages, sowie auf Höhe des 5., des 10. und des 15. Steuerbelags. Um die im Inneren des Prüfkörpers auftretenden höheren thermischen Gradienten (siehe auch Kapitel 6.2) besser nachbilden zu können, wurden die Inneren zwei der durch die vorherige Aufteilung bestimmten Schichten zusätzlich unterteilt. Hierdurch entstanden zwei virtuelle Steuerbeläge 2,5 und 7,5 welche durch Knotenpunkte fixiert sind. Durch diese Maßnahme wird das Temperaturprofil in den inneren, wärmeren Bereichen feiner unterteilt. Damit können große Temperaturgradienten wie sie vor allem im Inneren vorkommen besser diskretisiert werden, und ermöglichen somit durch die feinere Einteilung der den Bereichen zugeteilten elektrischen Leitfähigkeiten ein genaueres Simulationsergebnis.

In axialer Richtung bestimmen vor allem die Enden der realen und virtuellen Steuerbeläge auf Höhe der radialen Knotenpunkte die Aufteilung. Für die feinere Abstufung des Modells wurden weitere axiale Knotenpunkte eingefügt. Im Unterschied zu obiger Zeichnung, welche einen Ausschnitt der kompletten Durchführung inkl. der Nebenisolation und dem Gehäuseisolator darstellt, wird für das verwendete Simulationsmodell nur die Hauptisolation, der RIP-Körper, mit seinen Steuereinlagen verwendet. Diese Vereinfachung ist möglich, da der Einfluss durch die Nebenisolation auf die Feldverteilung im Inneren des Wickels praktisch vernachlässigbar ist [Zink13], S. 94.

Durch die Verbindung der o.g. Knotenpunkte wird ein Element definiert, in welchem die Materialeigenschaften konstant gehalten werden und zur Berechnung herangezogen werden können. Zur Veranschaulichung der Position und zum besseren Verständnis dieser Elemente wurde ein Übersichtsplan erstellt, Bild 6-2. Bei den normalerweise rechteckigen Elementen werden entlang der Steuerstrecke die äußersten Elemente der Steuerung und das radial darauffolgende Stück durch die Abstufung der Steuerbeläge trapezförmig. Diese trapezförmigen Elemente werden für die Berechnung mithilfe des mittleren Radius bzw. der mittleren Länge in Rechtecke umgewandelt.

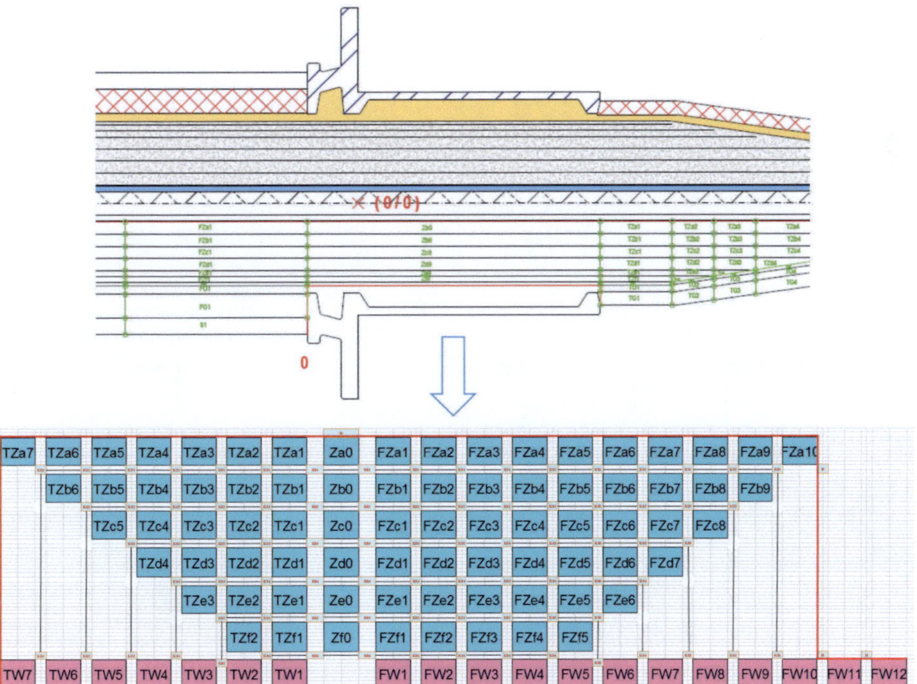

Bild 6-2: Umwandlung der Zeichnung in einen zur Simulation geeigneten Aufbau.

Diesen einzelnen Elementen können nun z.B. durch Messungen, wie in Kapitel 2.2.2 gezeigt, Materialwerte zugeordnet werden und dienen als Berechnungsgrundlage. Zur Beschreibung eines solchen Elementes können die dielektrischen Materialeigenschaften herangezogen werden. Hierfür kann jeder Isolierstoff prinzipiell durch seine *RC*-Ersatzdarstellung aus der Parallelschaltung eines ohmschen Widerstandes, der Kapazität der Anordnung und den *RC*-Serienschaltungen zur Modellierung der Polarisationseigenschaften beschrieben werden [Leib05]. In Bild 6-3 ist dazu ein beispielhaftes Ersatzschaltbild für die Leitfähigkeit von festen Isolierstoffen.

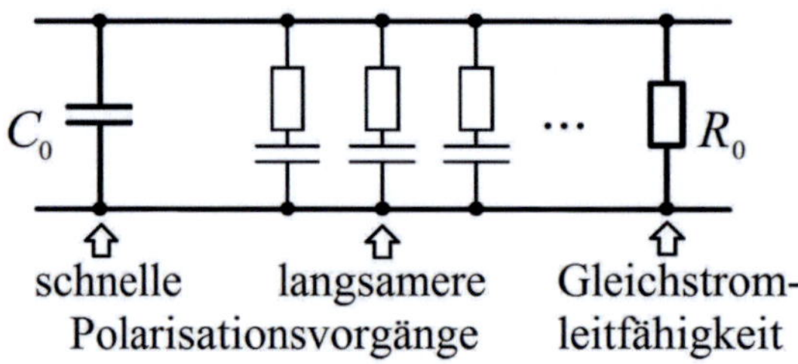

Bild 6-3: Ersatzschaltbild für die Leitfähigkeit von festen Isolierstoffen nach [Küch17], S. 291.

Um nun das eigentliche Simulationsmodell erstellen zu können, muss zuerst eine Anordnung gefunden werden, um die vorhandenen Materialdaten den einzelnen Elementen des Modells zuzuschreiben. Hierzu wurde aus den durchgeführten PDC-Messungen, Kapitel 5.1, die Gleichstromleitfähigkeit R_0 parallel zu den *RC*-Gliedern geschalten. Die Anzahl dieser *RC*-Glieder wurde auf zehn festgelegt, dies bietet eine zuverlässige Genauigkeit bei tolerierbarer Komplexität bzw. Rechenleistung.

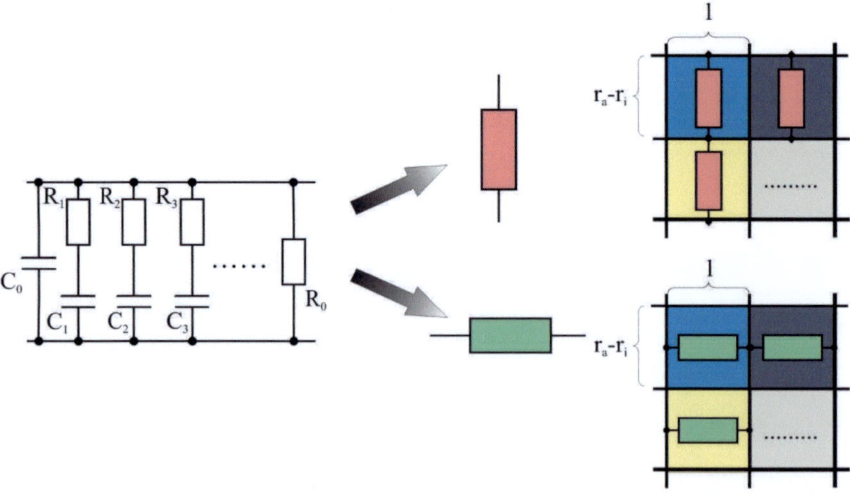

Bild 6-4: Schematische Aufteilung der Elemente in radiale und axiale Anteile [Seyb03].

Die einzelnen Elemente sind durch die Knotenpunkte miteinander verknüpft und bilden ein Netzwerk aus Kapazitäten und Widerständen. Innerhalb dieses Netzwerkes gilt es, die Stromflüsse in alle Richtungen berechnen zu können. Daher werden die Elemente aufgeteilt und enthalten jeweils axiale und radiale Komponenten, Bild 6-4.

Durch den Aufbau der Elemente, bei denen jeweils zwei Knotenpunkte zur Verknüpfung pro Seite vorhanden sind, siehe Bild 6-5, müssen die Elemente sowohl axial als auch radial beidseitig mit identischen Werten aufgeteilt werden. Zur Wahrung der Größenverhältnisse und der Zeitkonstante des jeweiligen *RC*-Gliedes werden die Kapazitäten halbiert und die zugehörigen Widerstände verdoppelt. Die geschilderte Aufteilung hat bereits bei [Zink13], S. 125 ff. Verwendung gefunden und konnte dort ihre Eignung zur Nachbildung des Dielektrikums von Durchführungen schon unter Beweis stellen.

Bild 6-5: Aufteilung der Komponenten auf beide Seiten eines Elements [Seyb03].

Das Ersatzschaltbild eines einzelnen Elementes ist in Bild 6-6 zu sehen. Der radiale Anteil des Elementes befindet sich in den mittleren beiden Teilbereichen. Der axiale Teil befindet sich dementsprechend im oberen bzw. unteren Teilbereich des ESB. Im Bereich der Steuerung können durch die elektrisch leitenden Steuerbeläge (Aluminiumfolien) die axialen Komponenten ersatzlos gestrichen werden, da diese die Elemente in axialer Richtung miteinander kurzschließen und hiermit Äquipotentialflächen darstellen.

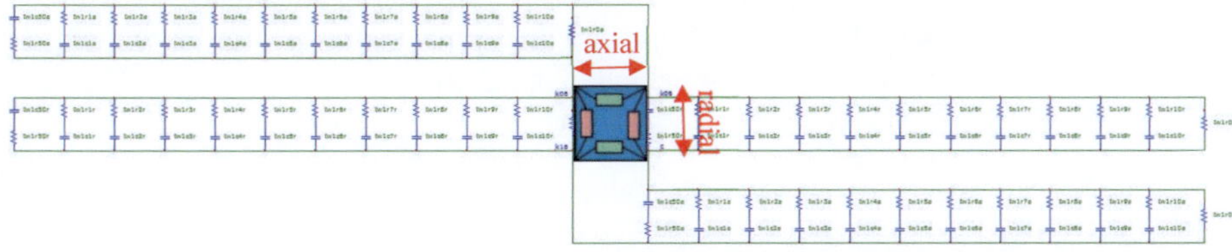

Bild 6-6: Ersatzschaltbild eines Simulationselementes mit Darstellung der radialen und axialen Anteile.

Berechnung der Elemente:
Um aus den gemessenen Materialien die entsprechenden Bauteilwerte errechnen zu können, müssen diese auf die geometrischen Verhältnisse des Prüfkörpers übertragen werden. So erhält jedes Element durch seine Materialeigenschaft und seine axiale bzw. radiale Lage eine passende Umrechnung zugeteilt.

Durch die zylindersymmetrische Form des Wickels, Bild 6-7, können mittels geometrischer Berechnung die elektrisch wirksamen Flächen nach (6-1) und (6-2) analog zu Mantelfläche bzw. Kreisringfläche, ermittelt werden.

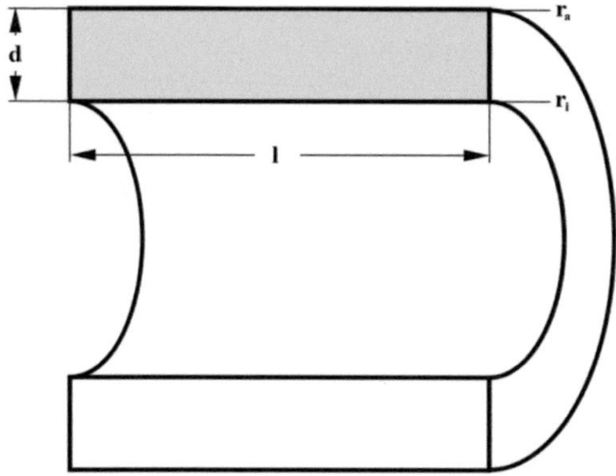

Bild 6-7: Schnitt durch den Aufbau eines Simulationselementes.

$$A_{\mathrm{ax}} = \pi \cdot ({r_{\mathrm{a}}}^2 - {r_{\mathrm{i}}}^2) \qquad (6\text{-}1)$$

$$A_{rad} = 2 \cdot \pi \cdot l \cdot \left(\frac{r_{\mathrm{a}} + r_{\mathrm{i}}}{2}\right) \qquad (6\text{-}2)$$

Die aus den mittels Messungen gewonnenen Daten müssen durch einen Geometriefaktor *G* auf die Messfläche bzw. -länge normiert werden. Dieser Geometriefaktor besteht aus dem Quotienten der Messfläche *A* durch die Schichtdicke *d*, (6-3).

$$G = \frac{A}{d} \qquad (6\text{-}3)$$

Zur Umrechnung der einzelnen Bauteile aus den Messdaten auf die entsprechenden Bauteile der Elemente können nun folgende Formeln nach den Gleichungen (6-4) und (6-5) verwendet werden:

$$C_{\mathrm{Element}} = C_{\mathrm{Messung}} \cdot \frac{G_{\mathrm{Element}}}{G_{\mathrm{Messung}}} \qquad (6\text{-}4)$$

$$R_{\text{Element}} = R_{\text{Messung}} \cdot \frac{G_{\text{Messung}}}{G_{\text{Element}}} \tag{6-5}$$

Anmerkung: Zur Berechnung des Geometriefaktors in axialer Richtung muss dementsprechend die Schichtdicke dieses Elementes, also die Elementlänge l verwendet werden.

Umsetzung der Umrechnungen:
Die aus Bild 6-2 bekannte Abbildung des Modells kann nun auf jedes Prüfobjekt individuell angepasst werden.

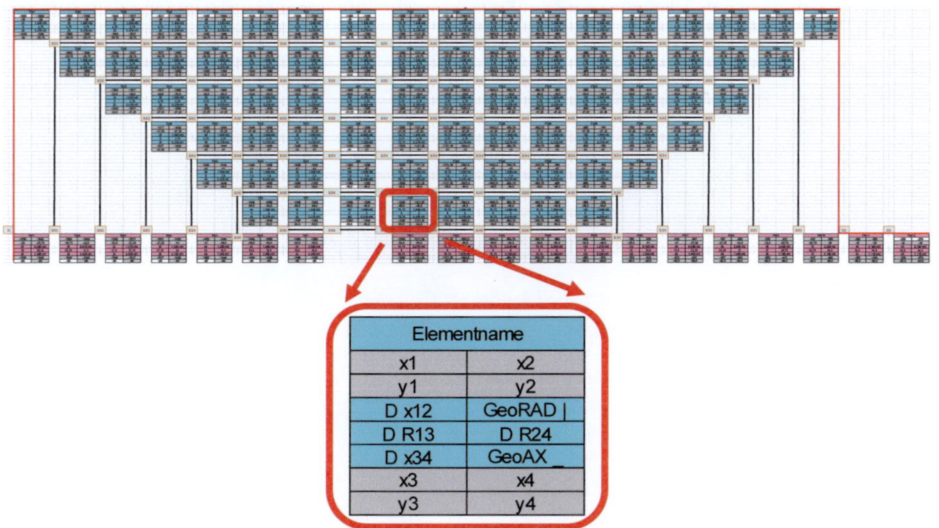

Bild 6-8: Ansicht des Übersichtsmodells des Prüfkörpers mit Vergrößerung eines Einzelelementes.

Wie in Bild 6-8 erkennbar, wurden in die einzelnen Elemente die geometrischen Anpassungen und die Umrechnungsfaktoren bei der Darstellung des Modells in Excel eingesetzt. Die Bezeichnungen x_1 bzw. y_1 bis x_4 bzw. y_4 stellen dabei die Koordinaten der Eckpunkte bezogen auf einen gewählten Nullpunkt, Bild 6-1 dar. Die axiale Länge an beiden Seiten wird durch die Bezeichnungen $D\ x_{12}$ bzw. $D\ x_{34}$, die Schichtdicke an den jeweiligen Außenkanten durch die Bezeichnungen $D\ R_{13}$ und $D\ R_{24}$ vertreten. Die Geometriefaktoren in radialer bzw. axialer Richtung werden durch die Abkürzungen Geo_{RAD} bzw. Geo_{AX} abgebildet und nach obigen Formeln aus den eingegebenen Werten berechnet. Durch Eingabe der entsprechenden Werte in die einzelnen Elemente des Übersichtsmodells wird die Geometrie des Prüfobjekts mit den zugehörigen Umrechnungsparametern für die Berechnung der Bauteile verwendet. Mithilfe der Materialdaten und den entsprechenden Umrechnungsschritten können nun die Bauteilwerte für das Simulationsmodell ermittelt werden.

Die Berechnungsmaske der einzelnen Komponenten eines Elements ist in Bild 6-9 zu sehen. Im linken Bereich ist die geometrische Vorgabe für das jeweilige Element, wie in

Bild 6-8 erklärt, erkennbar. Im rechten Bereich ist es per Drop-Down-Menü möglich, aus der Materialdatenbank das in diesem Teilbereich verwendete Material auszuwählen, und die gemessenen Bauteilwerte in die Maske einzubinden. Mittig links werden die benötigten Werte der Bauteile eines Elements berechnet, und mittig rechts ist die Ausgabe der für die Simulation verwendeten *RC*-Glieder, welche sich aus den RC Gliedern des Elementes nach der bereits in Bild 6-5 gezeigten Aufteilung berechnen.

Durch diese Anordnung ist ein benutzerfreundliches Modell entstanden welches schnell an die gewünschten Bedürfnisse durch Veränderung der Geometrie oder durch Wahl der Materialen angepasst werden kann. Die gewonnenen Bauteilwerte zur Berechnung können in eine Liste exportiert werden und direkt in die Simulation eingefügt werden.

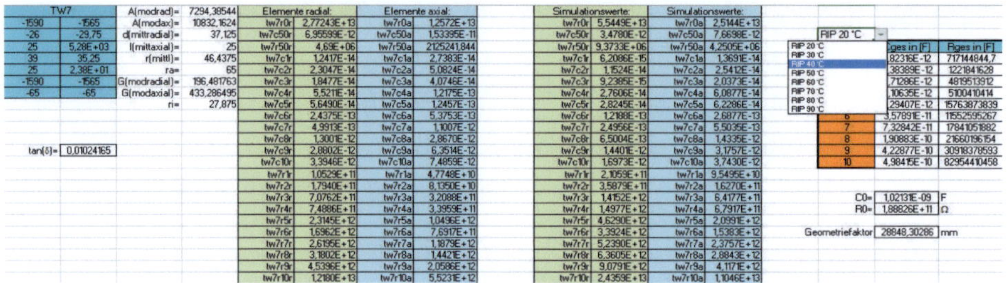

Bild 6-9: Ansicht des Berechnungsblattes für die Bauteilwerte eines Einzelelementes.

6.2 Modellvarianten

Zur elektrischen Simulation geeignete Beschreibungen eines Elementes bestehen in der Schaltungssimulation aus den Bauteilen der Elektrotechnik. Dabei gibt es grundsätzlich verschiedene Komplexitätsstufen im Aufbau und der Berechnung. Um eine Aussage über die notwendige Anzahl von *RC*-Gliedern und die zugehörige Genauigkeit der Simulation treffen zu können, wurden zwei unterschiedliche Komplexitäten für die Simulation ausgewählt:

Das R_0/C_0-Modell:

Angelehnt an das ε/κ-Modell, Bild 6-10 (links), basiert dieses Modell auf der geometrischen Kapazität und dem Endwert des Widerstandes des Dielektrikums. Es besteht aus einem einzigen *RC*-Glied, siehe Bild 6-10 (rechts). Dieses Modell soll durch die vergleichsweise geringe Komplexität schnelle Berechnungen ermöglichen und als Vergleich zu dem deutlich komplexeren Polarisationsmodell dienen.

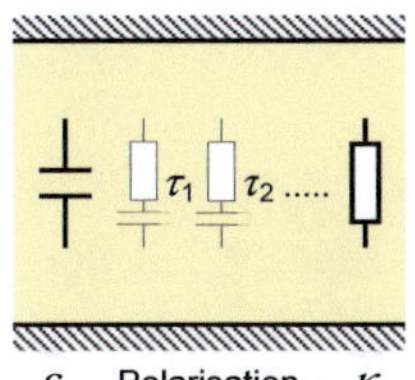

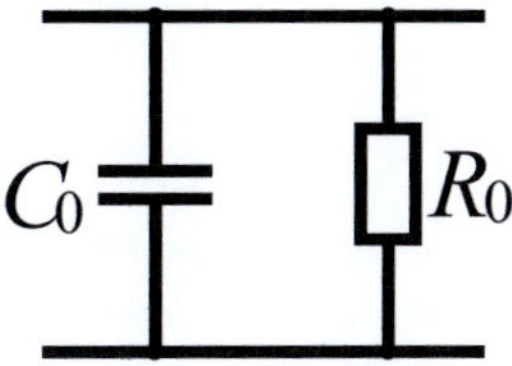

Bild 6-10: Ersatzbild zur Beschreibung von Polarisation und Leitfähigkeit [Küch06] (links). Aufbau eines R_0/C_0 -Modellelementes (rechts).

Das Polarisationsmodell - R_i/C_i :
Dieses Modell dient der Veranschaulichung eines Modells mit höherer Komplexität. Basierend auf dem Ersatzschaltbild zur Beschreibung der Leitfähigkeitseigenschaften fester Stoffe wird es durch mehrere parallele *RC*-Glieder dargestellt, Bild 6-11. Durch diese Zeitkonstanten sollen die verschiedenen Polarisationsvorgänge innerhalb des Dielektrikums nachgestellt werden. Die Kapazität C_0 vereint die schnellen Polarisationsvorgänge in sich, der Widerstand R_0 stellt die Leitfähigkeit dar und die Zeitkonstanten dazwischen dienen als Beschreibung der langsameren Polarisationsvorgänge. Zur Begrenzung der Komplexität wurde die Anzahl der zu verwendenden Zeitkonstanten zur Abbildung der langsamen Polarisationsvorgänge auf zehn festgelegt.

Für die im folgenden Kapitel vorgestellten Simulationen wurden die Ergebnisse jeweils mit beiden Modelvarianten durchgeführt. Im Anschluss wird die Verwendungsmöglichkeit für die einzelnen Komplexitäten diskutiert und Hinweise für mögliche Einsatzzwecke gegeben.

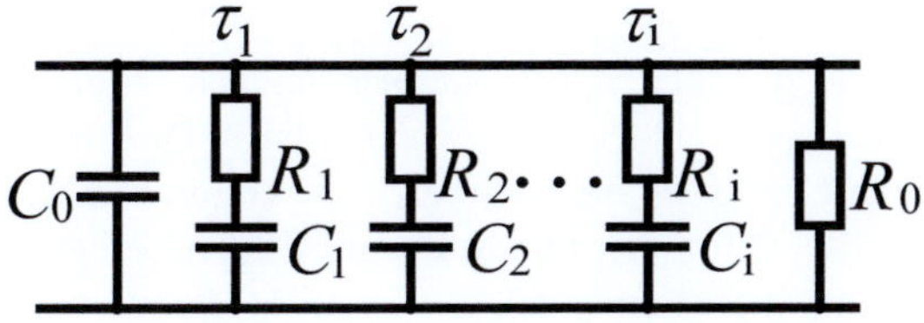

Bild 6-11: Schematischer Aufbau eines Elementes nach dem Polarisationsersatzschaltbild.

6.3 Diskretisierung des Temperaturprofiles

Die in Kapitel 4.2 vorgestellten Messungen liefern für die eingestellten Rahmenbedingungen die entsprechenden Temperaturprofile. Bei der experimentellen Bestimmung der Potentialverteilung wurde dieses Temperaturprofil mithilfe des Heizstabes auch bei dem Prüfwickel eingestellt. Für die Berechnung innerhalb der Simulationsumgebung muss nun versucht werden, dieses Temperaturprofil auf die vorliegende Verteilung der Elemente zu übertragen. Mithilfe der in Kapitel 5.3 vorgestellten Methode zur Temperaturkompensation können die vorhandenen Materialdaten dann an die jeweils vorherrschende Temperatur angepasst werden.

Hierzu wurde der arithmetische Mittelwert der sich auf identischer Höhe befindenden Temperaturfühler bestimmt. In Bild 6-12 ist auf der linken Seite die mittlere Temperatur auf einer Höhe über dem Radius des Prüfwickels aufgetragen. Die Position 26 entspricht dabei der Höhe direkt beim Leiterrohr, die Position 56 die der äußersten Temperaturfühler auf Höhe des Erdbelags. Zusätzlich zum Mittelwert ist auch die absolute Streuung in der Grafik dargestellt. Die maximale Abweichung der Temperaturwerte von Mittelwert sind 4,2 K, entsprechend etwa 4%.

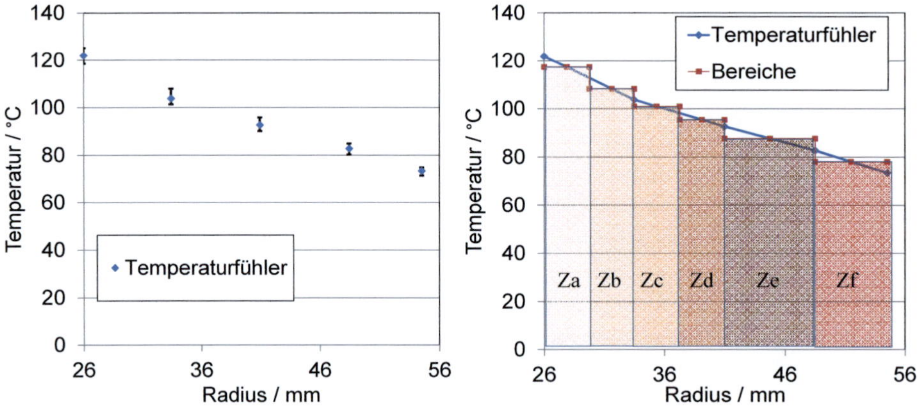

Bild 6-12: Mittelwerte der Temperaturfühler über dem Radius mit absoluter Streuung (links). Aufteilung des Prüfkörpers in Bereiche und Zuteilung einer mittleren Temperatur dieser Bereiche (rechts).

Aufgrund der nach den Steuerbelägen ausgerichteten Simulationsbereichen, ist die radiale Position eines Temperaturfühlers nicht zwingend identisch mit der radialen Diskretisierung des Simulationsmodells. Zur besseren Abbildung des höheren Temperaturgradienten im Inneren des Prüfkörpers wurde dieser Bereich feiner unterteilt. In Bild 6-12 erkennt man im rechten Teil die radiale Aufteilung der Bereiche Za bis Zf in Relation zu der Temperaturverteilung. Zur Berechnung der Bereichstemperatur wurde die Temperatur auf Höhe der jeweiligen mittleren Schichtdicke in radialer Richtung durch arithmetische Mittelwertbildung bestimmt. Der theoretisch logarithmische Abfall der Temperatur über den Radius kann auf diese Weise vereinfacht werden. Diese Vereinfachung dient der schnellen Anpassung des Simulationsmodells an neue Temperaturzustände und führt aufgrund des eng begrenzten Temperaturbereiches zu einem vernachlässigbar kleinen Fehler. Ein Beispiel einer in den Simulationen verwendeten Temperaturaufteilung über die einzelnen Elemente wird in Bild 6-13 gezeigt.

Bild 6-13: Schematische Verteilung der Temperaturen in den einzelnen Elementen.

Die Bereichstemperatur ordnet somit zur Simulation einem Bereich ein Material bei einer bestimmten Temperatur zu.

7. Messung und Simulation

Das vorliegende Kapitel stellt zuerst die Ergebnisse der in Kapitel 4.3 vorgestellten Potentialmessungen dar. Im weiteren Verlauf des Kapitels werden für zwei ausgewählte Fälle die in den Simulationen ermittelten Potentialverteilungen - bei identisch zu den Messungen angenommenen Bedingungen - vorgestellt. Durch den direkten Vergleich und die sehr gute Übereinstimmung von Messung und Simulation erfolgt hierdurch eine Verifikation des Simulationsmodells.

7.1 Thermische Messungen

In Bild 7-1 ist das Ergebnis einer Temperaturmessung bei einer Umgebungstemperatur von 50 °C zu sehen. Die Messung startet mit dem bei Umgebungstemperatur gelagerten Prüfkörper aus Bild 4-1. An diesen wird mittels der Heizpatrone ein Temperatursprung angelegt, welcher in dem raschen Anstieg zu Beginn der Messung resultiert. Die Gesamtübersicht zeigt den Verlauf der einzelnen Temperatursensoren in der Durchführung sowie die Umgebungstemperatur in der Klimakammer. Die Bezeichnung der Temperaturfühler leitet sich aus der in Kapitel 4.1 geschilderten Verteilung der Fühler ab. Die am nächsten am Leiter gelegen Fühler der Tiefe T1 sind mit durchgezogenen Linien gekennzeichnet. Die Kurven der Fühler T2 werden mit quadratischen Punkten, die der Tiefe T3 mit kurzen Linien, die der Tiefe T4 mit langen Linien und die der Tiefe T5 mit Strichen und Punkten dargestellt. Die Umgebungstemperatur ist gepunktet dargestellt.

Die Regelung der Heizpatrone ist gut an den regelmäßigen Schwankungen der Temperaturverläufe nahe am Leiter zu erkennen. Mit zunehmender Entfernung vom Leiter wird die Auswirkung der Regelschwankung von etwa 3,5 K gedämpft bis sie in den äußeren Bereichen dann verschwindet.

Die Umgebungstemperatur hat, wie man in Bild 7-1 gut erkennen kann, einen Einfluss auf die äußeren Bereiche der Durchführung, welcher sich nach innen abschwächt. Die teilweise großen Schwankungen der Umgebungstemperatur sind durch den schlecht isolierten Klimaraum in Verbindung mit der Koppelung der Klimaanlage mit dem Hausnetz der Hochschule erklärbar. Vor allem in der Nacht hat dies einen großen Einfluss, man kann deutlich die Nachtabsenkung der zentralen Steuerung gegen 23 Uhr erkennen. Diese führt zu einem stetigen Abfall der Temperatur bis am nächsten Morgen gegen 6 Uhr die zentrale Steuerung wieder einsetzt und die Klimaanlage wieder mit höherer Temperatur versorgt wird. Die elektrischen Messungen wurden deshalb, soweit möglich, während des Tages durchgeführt.

Die um 180° versetzten Fühler zeigen in der Regel eine niedrigere Temperatur an, als die Fühler der Position bei 0°. Da es keine Kennzeichnung der Positionierung der Durchführung gibt, lässt dies vermuten, dass sich diese Fühler näher an der Unterseite befinden, und somit stärker durch die von der Durchführung hervorgerufene Konvektion gekühlt werden.

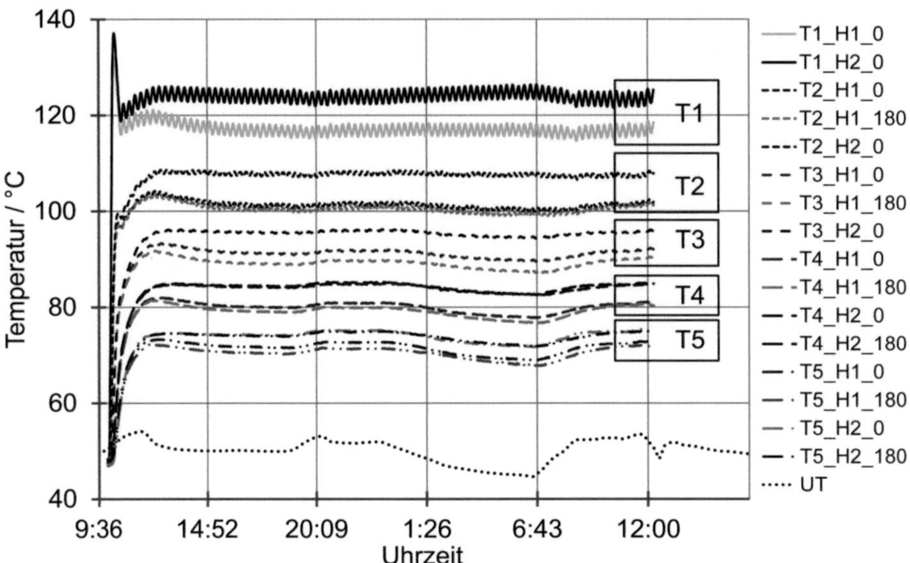

Bild 7-1: Temperaturverlauf des Prüfwickels und der Umgebungstemperatur bei einer vorgegebenen Solltemperatur von 111 °C der Heizpatrone bei verschiedenen Radien (T1 - T5), verschiedenen axialen Höhen (H1 und H2) sowie unterschiedlichen Positionen auf dem Umfang bei 0° und 180°. Im Endbereich der Messkurven werden die einzelnen Temperaturbereiche T1 bis T5 mit einer Box eingerahmt, um eine leichtere Zuordnung der Bereiche zu erlauben.

Die Fühler an der Position H1 haben im Vergleich zu den jeweiligen Fühlern auf der Höhe H2 geringere Temperaturen. Die Erklärung hierfür liegt in der relativen Positionierung der Fühler. Die Fühler der Höhe H1 sind axial gesehen näher an der Außenfläche als die Fühler der Höhe H2 und somit stärker durch die Wärmeabfuhr an die Umgebung betroffen. Ein weiterer Grund für die höhere Temperatur an der Position H2 ist, dass sich die Temperatur der Heizpatrone entlang der X-Achse nicht gleichmäßig verteilt, so dass an der Höhe H1 - bei etwa 60 cm - sich eine geringere Temperatur einstellt, als auf der Höhe H2 bei ungefähr 110 cm, siehe Tabelle 7-1.

Die Temperaturen in Tabelle 7-1 wurden bei einer Messung, bei welcher die Heizpatrone ähnlich des Versuchsaufbaus nach Kapitel 4.2, allerdings ohne umgebenden Prüfwickel, von der Decke hängend positioniert wurde, bestimmt. Die Temperaturerfassung erfolgte mittels eines Kontaktfühlers von Testo, die Kontaktierung erfolgte mittels Wärmeleitpaste. Die Temperaturen wurden zwei Stunden nach Einstellen einer Solltemperatur von 115 °C an der Heizpatrone bestimmt. Die Messposition 0 bezeichnet den Anfang der Heizpatrone, aus welchem die Zuleitungen führen, die Position 170 das Ende. Der für die Regelung zuständige Temperaturfühler in der Heizpatrone ist in der Nähe des Endes positioniert.

Tabelle 7-1: Temperaturverteilung entlang der Heizpatrone.

Position / cm	Temperatur / °C	Fortsetzung: Position / cm	Fortsetzung: Temperatur / °C
0	84	90	174
10	137	100	183
20	145	110	180
30	166	120	183
40	167	130	188
50	165	140	184
60	173	150	182
70	177	160	162
80	177	170	110

Anmerkung: Zu beachten ist, dass die Heizpatrone nicht für einen Gebrauch ohne umgebende wärmeleitende Schicht gedacht ist, sondern dass sie für einen Einsatz als Einschub gefertigt wurde. Daher entspricht das in dieser Tabelle zu sehende Ergebnis nicht den tatsächlichen Einsatzbedingungen, sondern stellt den prinzipiellen Verlauf überspitzt dar.

Weitere Abweichungen zwischen den einzelnen Temperaturfühlern können auch auf ein mögliches Verrutschen entlang der X-Achse vor bzw. während des Imprägnierungsprozesses zurückgeführt werden. Auch das bei RIP-Durchführungen verwendete Krepppapier kann unter Einfluss der bei Vakuum durchgeführten Imprägnierung aufgrund seiner gekreppten Struktur die zuvor eingestellte radiale Position entlang der Y-Achse verändern.

7.2 Ergebnisse der Potentialmessungen

Im ersten Teilkapitel wird zuerst die Messung bei konstanter Temperatur vorgestellt um die prinzipielle Vorgehensweise zu bestätigen und den Auslegungsfall darzustellen. Im nächsten Teilkapitel wird das Ergebnis der Messungen bei einem stationären Temperaturgradienten, welcher durch die Heizpatrone erzeugt wurde vorgestellt. Die nächste vorgestellte Messreihe zeigt den Verlauf der Potentiale des bei Umgebungstemperatur gelagerten und nach einiger Zeit mit einem Temperatursprung angeregten Prüfkörpers. Die abschließend vorgestellte Messung zeigt den Verlauf eines einzelnen ausgewählten Potentials bei unterschiedlichen Spannungen und zeigt damit die Unabhängigkeit des prinzipiellen Verlaufes von der Höhe der angelegten Spannung. Hiermit soll die Spannungsunabhängigkeit des auftretenden Effektes dargelegt werden.

Um ein Verfälschen der Ergebnisse durch die im polarisierten Dielektrikum gespeicherte Ladung zu verhindern, muss der Prüfling zwischen zwei Spannungsphasen eine ausreichend lange Zeit kurzgeschlossen (depolarisiert) werden. Aufgrund der bisher gemachten Erfahrungen, wird eine etwa doppelt so lange Depolarisationszeit wie Polarisationszeit als ausreichend erachtet. Hierdurch kann sich das durch die Gleichspannung polarisierte Isolationsmaterial wieder in den ursprünglichen Zustand zurückversetzen und eine vorherige Polarisation kann das Ergebnis nicht beeinflussen.

Wie schon in Kapitel 4.3.1 angemerkt, basiert eine Messreihe auf drei einzelnen Messungen da für die Versuche nur ein Rotationsvoltmeter zur Verfügung stand. Eine Messreihe benötigte dementsprechend nicht nur die dreifache Zeit zur Messung, sondern zusätzlich vor jeder Messung noch die doppelte Zeit zur Depolarisation. Somit war für eine vollständige Messreihe ungefähr die neunfache Zeit einer Einzelmessung notwendig.

7.2.1 Messung bei konstanter Temperatur

Die Messung in Bild 7-2 stellt die Spannungsverläufe an den Steuerbelägen des Prüfwickels nach Bild 4-2 bei 26 %, 53 % und 79 % bei einem Spannungssprung von -20 kV dar. Der Prüfwickel war hierbei unbeheizt bei einer Umgebungstemperatur von 50 °C. Durch diese erhöhte Umgebungstemperatur wird der Einfluss der Luftfeuchtigkeit minimiert und eine Beeinflussung des Messergebnisses durch Oberflächenwiderstände wird möglichst unterdrückt. Die Verläufe entsprechen den Erwartungen und der eingestellten Parameter. Zu Beginn erkennt man die aufgrund der Kapazitäten eingestellte kapazitive Spannungsverteilung welche sich auch beim Wechselspannungsfall einstellt. In weiteren Verlauf bleiben die Potentiale konstant. Diese stellen sich aber nun aufgrund der durch die Leitfähigkeit bestimmten resistiven Aufteilung ein.

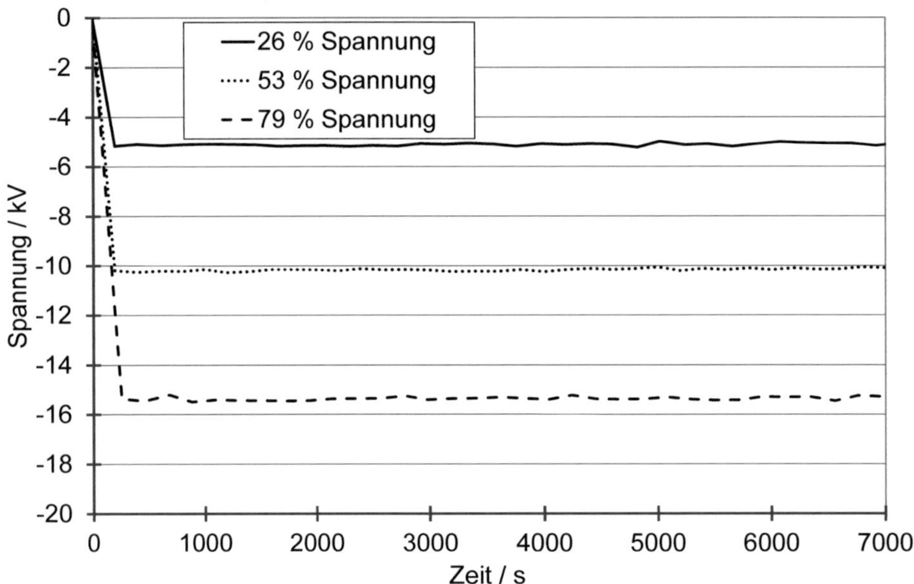

Bild 7-2: Potentialverläufe an den Anzapfungen des Prüfkörpers nach Bild 4-2 bei gleichmäßiger Temperatur bei einem angelegten Spannungssprung von -20 kV.

Diese Messung zeigt, dass die angenommene kapazitive und die resistive Potentialverteilung den Vorstellungen entsprechen und identisch sind. Somit entspricht der gefertigte Prüfkörper dem Wickel einer echten Durchführung, und kann dem Einsatzzweck entsprechend verwendet werden. Gleichzeitig dient diese Messung als Nachweis dafür, dass die Methode der experimentellen Bestimmung mittels Anzapfungen zu den Belägen und Erfassung mittels Rotationsvoltmeter sehr gut dafür geeignet ist, die reale Potentialverteilung auch bei anderen Verhältnissen zu bestimmen. Somit ist diese neu vorgestellte Methode ein großer Schritt für die Verifikation von durch Simulationen berechneten Potentialverteilungen.

7.2.2 Messung bei eingeschwungenem Temperaturgradienten

Mit Hilfe des Heizstabes können gezielt Temperaturprofile, wie in Kapitel 7.1 am Wickel zur Messung der Temperaturverteilung gezeigt, nun auf den Prüfwickel zur Messung der elektrischen Spannungsaufteilung übertragen werden. Hierdurch können betriebsnahe Zustände wie sie z.B. durch die Verlustwärme der Durchführung entstehen nachgebildet werden. Der Heizstab wurde so geregelt, dass die maximal zulässige Temperatur von 120 °C am Leiter anliegt. Die für die Messungen gewählte Umgebungstemperatur von 50 °C entspricht hierbei Bedingungen wie sie beispielsweise in wüstenklimatischen Umgebungen anzutreffen sind. Die Temperatur an der Oberfläche des Prüfwickels stellte sich in diesem Fall bei 60 °C ein, somit ist im Inneren des Prüfkörpers ein radialer Temperaturgradient von 60 K vorzufinden. Direkt nach Anlegen des Spannungssprunges von -20 kV ergibt sich wieder der Fall einer kapazitiven Aufteilung, wie auch in der Messung ohne Temperaturgradienten, Bild 7-2 zu sehen. Der durch den Temperaturgradienten verursachte Leitfähigkeitsgradient führt zu einem Ausgleichsvorgang welcher von der kapazitiven Aufteilung hin zu einer resistiven Verteilung des Potentials führt. Die daraus resultierende deutliche Versteuerung der Potentialverteilung ist in Bild 7-3 zu sehen.

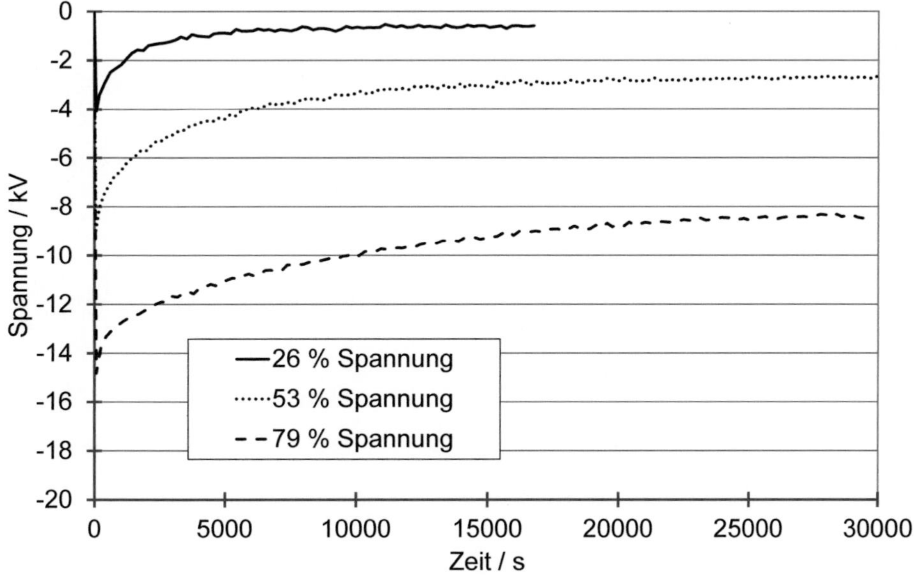

Bild 7-3: Potentialverläufe an den Anzapfungen des Prüfkörpers bei einem stationären Temperaturgradienten von ca. 60 K bei einem angelegten Spannungssprung von -20 kV.

Zum besseren Verständnis der Messung von Bild 7-3 wird in Bild 7-4 die visuelle Darstellung des Ergebnisses erweitert. Die rechts im Bild visualisierte Temperaturskala von warm nach kalt stellt symbolisch die Temperaturverteilung im Prüfkörper von Innen (warm) nach Außen (kalt) dar. Die anhand der Steuerbeläge theoretisch anzunehmende kapazitive Verteilung der gemessenen Einlagen wird mit einem grauen, einem gepunkteten und einem gestreiften Bereich veranschaulicht. Die Potentialdifferenz zwischen den gemessenen Einlagen wird durch die dargestellten Bemaßungspfeile zusätzlich beziffert.

Die Bereiche mit höheren Temperaturen im Inneren des Wickels werden durch die erhöhte Leitfähigkeit deutlich weniger belastet, der Belag an welchem im Fall ohne Temperaturgradienten 26 % der Spannung anliegen liegt nun auf einem Potential von unter 5 %, die Feldstärken in diesem Bereich liegen damit deutlich unter der normalen Belastung. Im Gegensatz hierzu liegt die Spannungsbelastung zwischen dem an -20 kV Hochspannung liegenden Erdbelag, und dem nächsten Messbelag nicht bei 21 %, sondern bei knapp 60 %. Die hierdurch verursachte Feldstärkebelastung ist deutlich über der normalen Feldstärke. Dabei ist zu beachten, dass die Verschiebung der Potentiale bei diesen Messungen nur in vier Bereiche eingeteilt ist. Verfeinert man nun gedanklich diese Aufteilung in weitere kleinere Bereiche, ist zu erwarten, dass die Feldstärkebelastung in den kältesten äußersten Bereichen noch deutlich zunimmt. Somit könnte die Feldstärke sich in den äußersten Bereichen in Richtung der Durchschlagsfeldstärke bewegen.

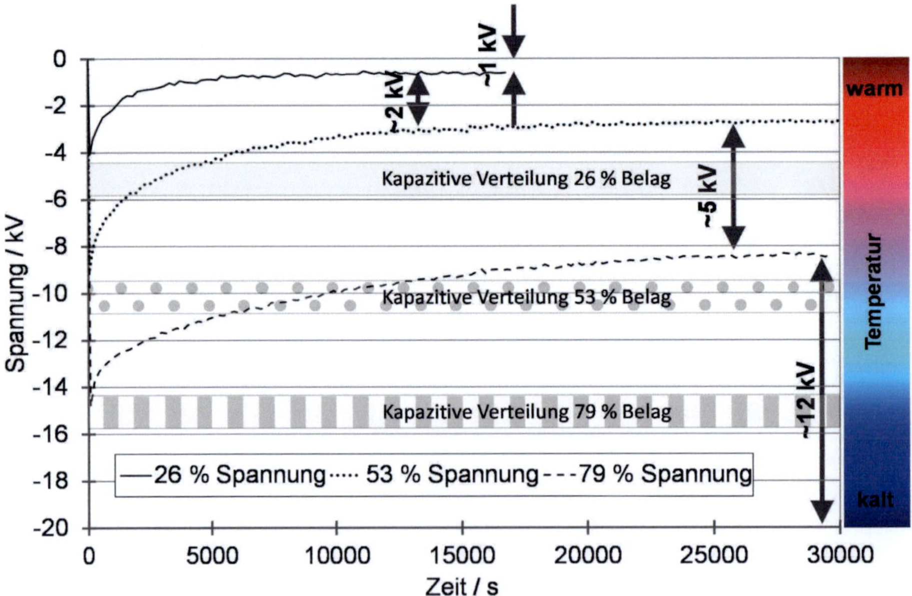

Bild 7-4: Veranschaulichung der Verschiebung der Potentiale mit schematischer Darstellung der Temperaturverteilung sowie der theoretischen kapazitiven Aufteilung und Angabe der Potentialdifferenz zwischen den einzelnen gemessenen Steuerbelägen.

Anmerkung: Der vorgestellte Prüfwickel entspricht den in konventionellen 123 kV Durchführungen verwendeten Wickelkörpern. Aufgrund der eingearbeiteten Potentialabgriffe wurde der Prüfwickel nicht mit der sonst zulässigen Höchstspannung beaufschlagt. Um den Prüfwickel auch bei starken Potentialverschiebungen nicht zu gefährden, wurde in Absprache mit dem Hersteller die maximale Spannungsbelastung von 40 kV festgelegt. Somit stellen die gezeigten elektrischen Belastungen nicht die in einer konventionellen Durchführung auftretenden Belastungen in voller Höhe dar, sondern sind aufgrund der niedrigeren Ausgangsspannung reduziert.

7.2.3 Messung bei Anlegen eines Temperatursprunges

Ähnlich zur Messung bei stationärem Temperaturgradienten, wird auch bei dieser Messreihe durch die Heizpatrone ein Temperaturprofil angelegt. Im Unterschied zu obiger Messreihe ist zu Beginn der Messungen die Temperatur im Prüfkörper konstant entsprechend der Umgebungstemperatur von 50 °C. Nach etwa zwei Stunden wird dann über einen Temperatursprung der transiente Übergang zur identischen Temperaturverteilung mit einem Temperaturgradienten von 60 K eingeleitet. Die Spannung wurde ausreichend lange vor dem Beginn der Messung zugeschaltet, sodass sich bereits eine resistive Feldverteilung eingestellt hatte. Die Aufteilung der Spannung vor dem dargestellten Temperatursprung gleicht daher dem Fall ohne Temperaturgradient wie er in Bild 7-2 zu sehen ist. Nach Anlegen des Temperatursprunges bildet sich ein Temperaturprofil in radialer Richtung aus. Daraus resultiert auch eine radiale Veränderung der Leitfähigkeit des Isolierstoffes. Von diesen transienten Änderungen wird nun die elektrische Potentialaufteilung bestimmt, Bild 7-5. Gegen Ende der Messung ist der stationäre Endzustand, wie aus der Messreihe in Bild 7-3 bereits bekannt, zu erkennen.

Anmerkung: Da die Messreihe aus drei einzelnen Messungen besteht, ist der Zeitpunkt, zu dem der Temperatursprung erfolgte nicht bei allen Messungen genau identisch, so dass die Kurven durch manuelles Verschieben entlang der Zeit-Achse nun einen ähnlichen Startpunkt des Temperatursprunges zeigen.

7.2.4 Vergleich bei unterschiedlich hohem Spannungssprung

Die thermische Belastung bei diesem Versuch wurde identisch zur vorherigen Messung durch Anlegen eines Temperatursprunges nach ca. zwei Stunden konstanter Temperatur eingestellt. Mit dieser Messung kann das prinzipielle Verhalten erneut dargestellt und gezeigt werden, dass die gezeigten Messergebnisse von der Höhe der angelegten Spannung unabhängig sind, und prozentual gesehen identisch ablaufen. Bei der Messung in Bild 7-6 ist nur das Potential des normalerweise auf 79% liegenden Belags erfasst worden. Es zeigt zusätzlich zu dem aus Bild 7-5 bekannten Verlauf bei Anlegen eines Spannungssprunges von -20 kV am Erdbelag einen Verlauf desselben Belages bei einer angelegten Spannung von -10 kV. Im rechten Teilbild sind die Verläufe nicht wie im linken auf eine gemeinsame Y-Achse bezogen, sondern jeweils auf die am Erdbelag angelegte Spannung. Indem auf der rechten Seite der Zeitverlauf an der X-Achse verschoben wurde, erkennt man, dass die Verläufe prozentual gesehen nahezu identisch sind. Hierdurch kann gezeigt werden, dass die bei den Messungen aufgetretenen Effekte reproduzierbar und - zumindest im betrachteten Spannungsbereich - spannungsunabhängig sind.

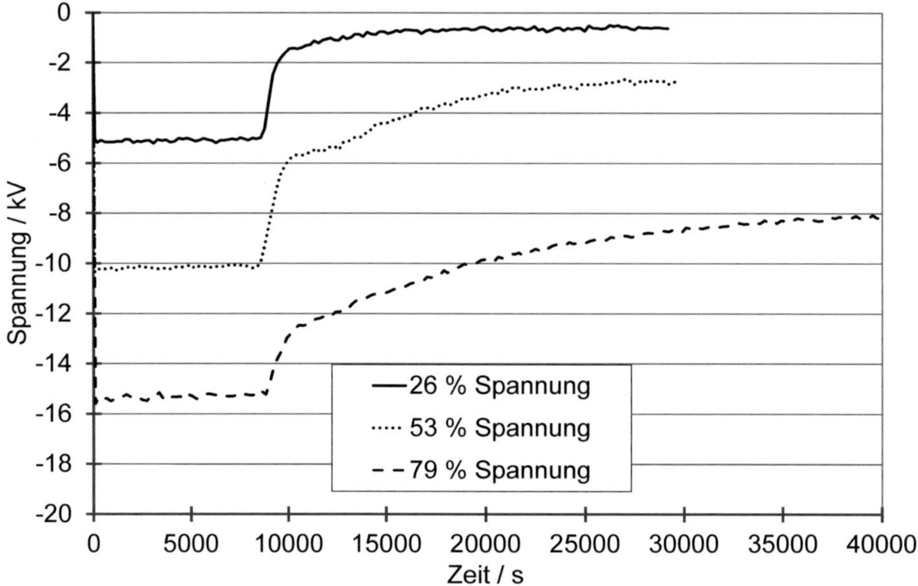

Bild 7-5: Potentialverläufe an den Anzapfungen des Prüfkörpers bei einem transienten Temperaturgradienten von ca. 60 K welcher nach ca. zwei Stunden durch die Heizpatrone eingestellt wurde bei einem angelegten Spannungssprung von -20 kV.

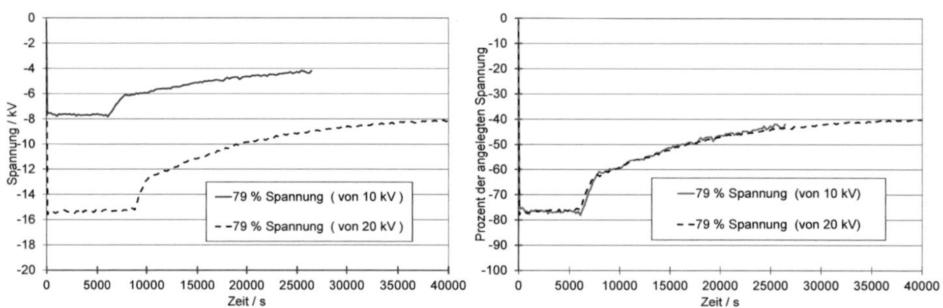

Bild 7-6: Potentialverläufe am 79%-Steuerbelag bei Anlegen eines Temperatursprungs von 60 K nach einer stationären Einlaufphase bei unterschiedlichen Spannungen (links). Verschiebung der beiden Messungen auf den gleichen Startzeitpunkt und Normierung der Y-Achsen auf die Höhe des angelegten Spannungssprungs (rechts).

Anmerkung: Auch bei dieser Messung (Bild 7-6) ist der Startzeitpunkt des Temperatursprunges nicht identisch, zu sehen im linken Bild. Um die Übereinstimmung im Verlauf zu zeigen, wurde im rechten Bild der Startpunkt des Temperatursprunges wieder auf den etwa gleichen Zeitpunkt gelegt.

Durch diese Messungen ist es erstmals gelungen, den kombinierten thermisch-elektrischen Ausgleichsvorgang experimentell nachzuweisen. Weiterhin wurde erstmals gezeigt, dass die bisher nur theoretisch angenommene Potentialverschiebung tatsächlich experimentell nachweisbar ist. Die zum Teil erhebliche Versteuerung bedingt eine Berücksichtigung dieses Effektes bei der Auslegungsberechnung von Gleichspannungsdurchführungen und sollte durch Simulationen in diese einbezogen werden.

7.3 Simulation und Ergebnisse

Die im vorherigen Kapitel gewonnene Möglichkeit, die Materialparameter des Isolierstoffs auf die jeweils benötigte Temperatur umzurechnen bedeutet für die Zuverlässigkeit der Simulationen einen großen Schritt. Mit der dadurch gebotenen Möglichkeit ist es erstmals möglich, die Verteilung der Potentiale im Inneren einer Durchführung, an ihre jeweilige Temperaturverteilung angepasst, zu simulieren. Ein Vergleich mit den tatsächlich gemessenen Potentialverteilungen aus Kapitel 7.2 kann zur Verifikation des Simulationsmodells herangezogen werden und liefert eine Aussage über die Qualität der Simulationen. Die vorgestellten Simulationen wurden mit den aus der verlängerten 50 °C Messkurve gewonnenen Materialdaten angefertigt. Von jedem simulierten Fall werden zwei Simulationen mit unterschiedlichen Modellen durchgeführt. Eine Simulation wird mit dem R_0/C_0-Modell, welches den Isolierstoff mithilfe der geometrischen Kapazität und dem Isolationswiderstand beschreibt, durchgeführt. Die andere Simulation wird mit dem Polarisationsmodell (R_i/C_i-Modell), welches versucht die unterschiedlichen Polarisationsmechanismen durch mehrere RC-Glieder abzubilden, berechnet. Die verwendeten Simulationsmodelle sind in Kapitel 6.2 näher erläutert. In den folgenden Unterabschnitten werden die Fälle ohne beziehungsweise mit einem angelegten Temperaturgradienten von 60 K und die Umpolung bei vorhandenem Temperaturgradienten geschildert.

7.3.1 Simulierte Fälle

Für die Darstellung der Simulationsergebnisse werden drei relevante Fälle in den folgenden Abschnitten vorgestellt. Die ersten beiden Fälle dienen zusätzlich der Verifikation der Simulationen, da die beschriebenen Fälle auch bei den Messungen in Abschnitt 7.2 untersucht und gemessen wurden.

Der Fall 1 in Kapitel 7.3.2 schildert den Auslegungsfall ohne jeglichen Temperaturgradienten im Prüfkörper. Dieser Fall wird teilweise immer noch für die Dimensionierung verwendet.

In Kapitel 7.3.3 wird mit Fall 2 eine Simulation mit einem Temperaturgradienten von 60 K im Inneren des Prüfkörpers durchgeführt. Im Betrieb stellt dies eine mögliche Temperaturverteilung unter längerer Voll-Last dar. Dieser Zustand stellt aufgrund seiner hohen Leitfähigkeitsgradienten eine extreme Belastung für die Stabilität der Potentialverteilung dar.

In Kapitel 8 wird der Fall einer Umpolung untersucht. Für diese Simulationen wurden erneut die bereits bekannten Temperaturverteilungen aus den Abschnitten 7.3.2 und 7.3.3 verwendet.

7.3.2 Potentialverteilung ohne Temperaturgradient

Die Berechnung der Potentialverteilung ohne die Berücksichtigung von Leitfähigkeitsgradienten durch thermische Einflüsse stellt den ersten berechneten Fall dar. Hierbei wird eine Umgebungstemperatur von 50 °C angenommen und eine Beheizung des Prüfkörpers fand nicht statt. Die Simulation stellt somit den stationären Fall ohne Temperaturgradient bei 50 °C dar und stimmt mit der üblichen Auslegung einer Feldsteuerung bei Durchführungen überein. Dieser Fall tritt beispielsweise direkt nach der Zuschaltung auf. Hiermit wird die nach dem Spannungssprung durch die Steuerbeläge definierte Aufteilung anhand der Kapazitäten und der Übergang zur resistiven Steuerung durch die Leitfähigkeit nachgebildet.

Ausgehend von der durch die Steuerbeläge bestimmten theoretischen Verteilung ergibt sich bei einer angelegten Spannung von -20 kV für den 26%-Belag ein Potential von -5,2 kV, für den 53%-Belag ein Potential von -10,6 kV und für den 79%-Belag liegt das berechnete Potential bei 15,8 kV. In Bild 7-7 wird diese Potentialaufteilung mittels des R_0/C_0-Modells berechnet.

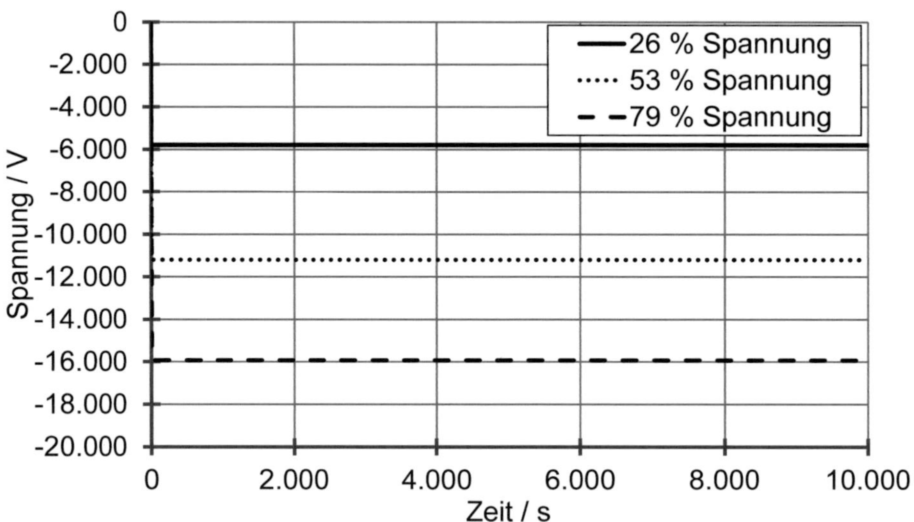

Bild 7-7: Potentialverteilung bei 50 °C Umgebungstemperatur ohne angelegten Temperaturgradienten bei einer angelegten Spannung von -20 kV am Erdbelag bei Verwendung des R_0/C_0 - Modells.

Der gleiche Fall wird in Bild 7-8 auch noch durch das Polarisationsmodell nachgebildet und liefert dabei ein weitgehend identisches Ergebnis.

In diesem stationären Fall liefern somit beide Modelle ein identisches Ergebnis. Beide stellen den theoretisch vorhandenen, aber nicht sichtbaren, Übergang vom kapazitiven zum resistiven Zustand dar. Die in beiden Fällen durch die Simulation berechneten Werte liegen immer leicht über den aus der durch die Steuerbeläge bestimmten kapazitiven Aufteilung.

Die Ursache für diese leichte Abweichung ist vermutlich die, durch die Diskretisierung notwendige, vereinfachte geometrische Aufteilung der einzelnen Elemente innerhalb der Simulation. Die in der Simulation bestimmten Werte sind für den 26%-Belag 5,7 kV, für den 53%-Belag 11,1 kV und für den 79%-Belag 15,9 kV. Die sich ergebende Abweichung ist somit am 26%-Belag mit einer Abweichung von 8,77 % von der Simulation zur Rechnung am größten und mit einer Abweichung 0,63 % am 79%-Belag am kleinsten.

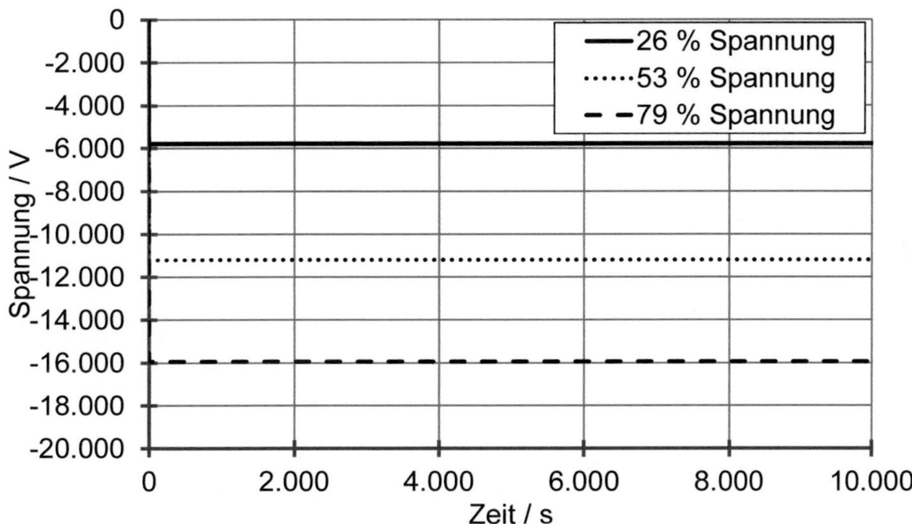

Bild 7-8: Potentialverteilung bei 50 °C Umgebungstemperatur ohne angelegten Temperaturgradienten bei einer angelegten Spannung von -20 kV am Erdbelag bei Verwendung des Polarisationsmodells.

Somit liefert der Vergleich mit der in Kapitel 7.2.1 vorgestellten Potentialmessung eine relativ gute Übereinstimmung für den Fall einer konstanten Prüfkörpertemperatur.

Die resultierende Folgerung für reale Durchführungen besteht darin, dass in diesem Fall die tatsächliche und die theoretische Auslegungsbelastung des Prüfkörpers gut übereinstimmen, so dass keine erkennbare Gefahr für das Dielektrikum besteht.

7.3.3 Potentialverteilung mit Temperaturgradient

Der in Kapitel 7.2.3 geschilderte und auch gemessene Fall soll durch die folgenden beiden Simulationen nachgebildet werden. Dabei werden mit Hilfe der Ergebnisse der Temperaturmessung aus Kapitel 7.1 die Materialwerte der einzelnen Elemente an die jeweils ermittelte Temperatur individuell angepasst. Hierdurch wird ein Simulationsmodell erzeugt, welches den vorgestellten Prüfwickel bei einer Umgebungstemperatur von 50 °C mit einem Temperaturgradienten von ca. 60 K nachbilden soll. Der hierdurch entstandene Leitfähigkeitsgradient sollte wie bereits in der Messung gezeigt, das Potential nach außen, in Richtung der kühleren Bereiche, hin verschieben. Die Nachbildung durch ein R_0/C_0-Modell ergibt das in Bild 7-9 dargestellte Simulationsergebnis.

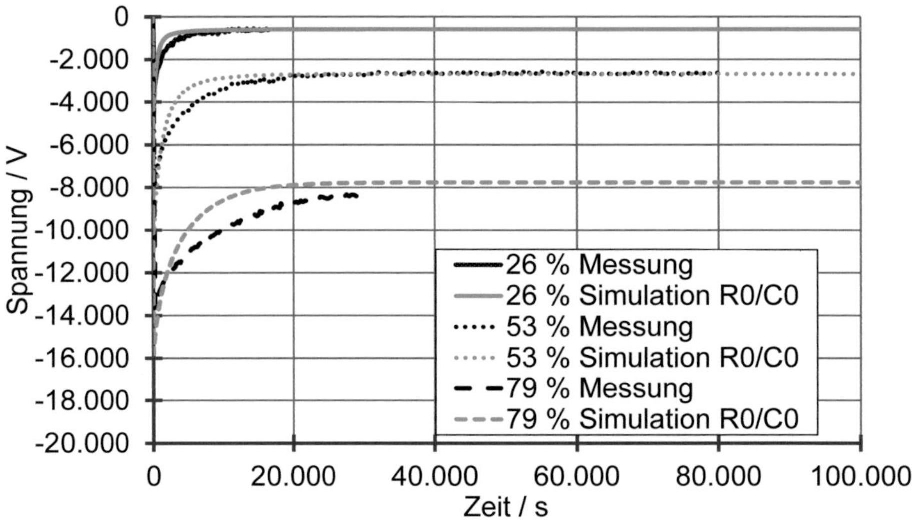

Bild 7-9: Potentialverteilung bei 50 °C Umgebungstemperatur bei einem angelegten Temperaturgradienten von 60 K und einer angelegten Spannung von -20 kV am Erdbelag. Vergleich von Messung (schwarze Kurven) und Simulation (graue Kurven) mittels R_0/C_0 -Modell.

Wie aus dem vorherigen Fall bekannt, liefert das R_0/C_0-Modell die korrekte Aufteilung der sich direkt nach dem Spannungssprung einstellenden kapazitiven Potentialverteilung. Auch der sich einstellende stationäre Endwert der Verteilung wird durch dieses Modell richtig berechnet. Die resultierenden transienten Übergangsvorgänge von einem stationären Zustand in den anderen kann das R_0/C_0-Modell allerdings nur unvollständig beschreiben, da zur Darstellung nur noch eine einzelne Zeitkonstante verwendet wird, und somit die unterschiedlichen komplexen Polarisationsvorgänge nicht dargestellt werden können.

Bild 7-10 zeigt das Ergebnis der identischen Simulation. Auch hier wurde mit einem Temperaturgradienten von 60 K bei einer Umgebungstemperatur von 50 °C gearbeitet. Im Vergleich zum R_0/C_0-Modell wurden beim R_i/C_i-Modell allerdings die Polarisationsmechanismen durch Verwendung von zehn weiteren *RC*-Gliedern nachgebildet.

Dementsprechend erkennt man, dass der Verlauf der transienten Übergangszustände in dieser Simulation sehr gut getroffen wird. Zusätzlich sind hier auch die kapazitive Verteilung zu Beginn sowie der stationäre, durch die Leitfähigkeiten bestimmte, Endzustand korrekt berechnet. Durch das Einfügen der zusätzlichen Zeitkonstanten bildet der Verlauf der Simulation die tatsächlich gemessene Potentialverteilung sehr gut nach.

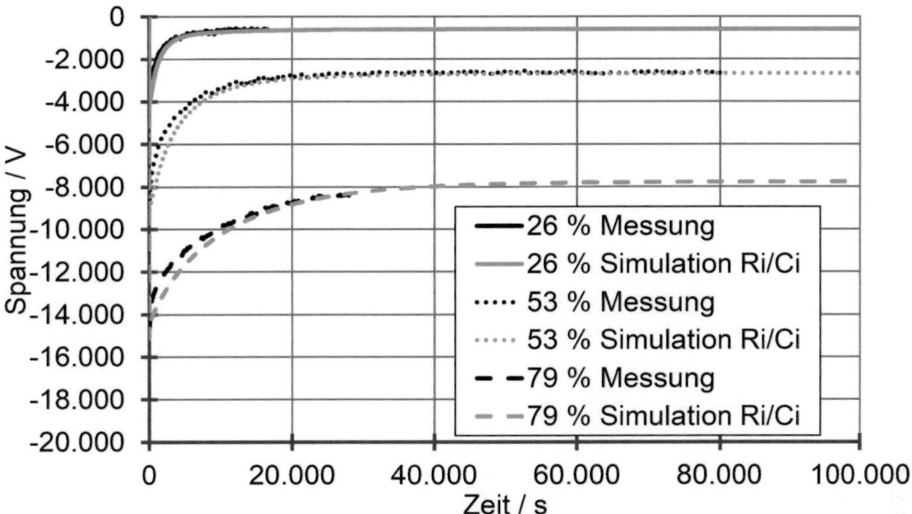

Bild 7-10: Potentialverteilung bei 50 °C Umgebungstemperatur bei einem angelegten Temperaturgradienten von 60 K und einer angelegten Spannung von -20 kV am Erdbelag. Vergleich von Messung (schwarze Kurven) und Simulation (graue Kurven) mittels Polarisationsmodell.

Das nachfolgende Bild 7-11 zeigt die beiden vorherigen Simulationen nun im direkten Vergleich sowie mit der durchgeführten Messung.

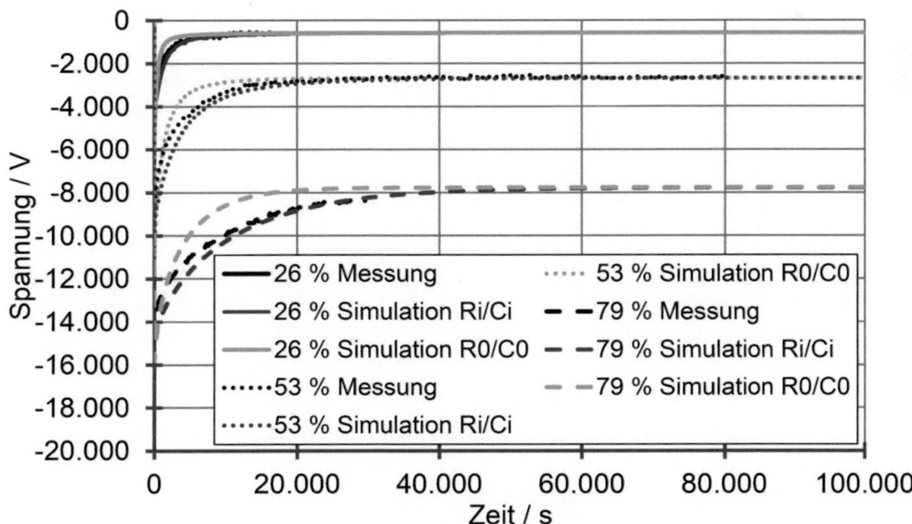

Bild 7-11: Potentialverteilung bei 50 °C Umgebungstemperatur bei einem angelegten Temperaturgradienten von 60 K und einer angelegten Spannung von -20 kV am Erdbelag. Vergleich der Messung mit den beiden Simulationsmodellen.

Im Vergleich zwischen den beiden Simulationen wird deutlich, dass der transiente Verlauf bei niedrigeren Temperaturen deutlich schlechter durch das R_0/C_0-Modell dargestellt wird, als bei höheren Temperaturen. Die durch das R_0/C_0-Modell gebildete Zeitkonstante aus der geometrischen Kapazität und dem Isolationswiderstand erreicht deutlich vor der tatsächlichen Messung ihren Endwert. Die Simulation mittels Polarisationsmodell zeigt dieses Verhalten in viel geringerem Ausmaß, da hierbei bei allen Temperaturen zusätzliche Zeitkonstanten für die schnellen Polarisationsvorgänge vorhanden sind.

Zusammenfassend kann also gesagt werden, dass beide vorgestellten Simulationsmodelle grundsätzlich die durchgeführten Messungen gut nachzubilden vermögen. Hierdurch konnte die vorgestellte Simulationsumgebung durch den Vergleich von Messung und Simulation verifiziert werden und somit die grundsätzliche Tauglichkeit für weiterführende Simulationen demonstriert werden.

Sowohl in den Simulationen, als auch in der durchgeführten Messung kann eine deutliche Überhöhung der Spannungsbelastung für lange Zeiten in diesem Fall erkannt werden. Die Inneren, wärmeren Bereiche werden durch die temperaturabhängige Leitfähigkeit des RIP entlastet, die äußeren Bereiche hingegen werden mit einer Feldstärke belastet, die weit über die normale Belastung hinausgeht. Eine gleichmäßig verteilte Belastung der Spannung über alle betrachteten Bereiche würde eine Potentialdifferenz von ungefähr 5 kV pro Bereich betragen. Im Fall mit Temperaturgradienten hingegen wird der Innerste Bereich zwischen Leiter und 75 % - Potential nur mit knapp 0,6 kV belastet und der Bereich zwischen dem 75 % - und dem 50 % - Steuerbelag mit 2,1 kV. Für den Bereich zwischen dem 50%- und dem 25 % -Potential wird die Belastung mit 5,1 kV minimal überhöht. Die stärkste Überhöhung erfährt der Bereich zwischen dem 25 %- Potential und dem Erdbelag, dort liegt die Potentialdifferenz bei 12,2 kV, also etwa dem 2,5-fachen der normalen Feldstärke. Die Belastung zum äußeren Rand hin stellt sich somit als deutlich kritisch heraus. Bedenkt man nun, dass die Messungen und Simulationen nur den kompletten äußersten 25 % Bereich als eine Einheit betrachten, fällt es nicht schwer, sich vorzustellen, dass in der Realität die lokalen Feldstärken in den - kleiner eingeteilten - äußersten Bereichen zum Teil noch höher liegen.

Als Folgerung für reale Durchführungen ergibt sich, dass die Höhe des Temperaturgradienten ausschlaggebend für die Höhe der Versteuerung ist. Somit kann sich je nach vorliegendem Temperaturgradient die Situation als bedrohlich für die Isolation darstellen. Durch die teilweise vorliegenden überhöhten Feldstärken könnte möglicherweise eine schnellere Materialermüdung und Alterung in diesen Bereichen auftreten. Bei einer theoretisch möglichen Feldstärkeüberhöhung bis in Bereiche der Durchschlagsfeldstärke des Materials könnte dies im Extremfall somit zum Versagen eines Teilbereiches der Isolationsstrecke und somit zur möglichen dauerhaften Schädigung des Objektes führen welche auf lange Sicht zur Zerstörung des Objektes beitragen könnte.

Für den sicheren Betrieb gilt es darum, möglichst niedrige Temperaturgradienten im Wickelkörper anzustreben. Hierzu kann beispielsweise versucht werden die Wärme direkt dort abzuführen wo sie entsteht, im Inneren des Objektes. Als eine realisierbare

Möglichkeit bieten sich hierbei modifizierte Leiterrohre an. Diese können so modifiziert werden, dass sie die Funktion einer Heatpipe, wie sie z.B. in der Computertechnik zur Kühlung des Prozessors eingesetzt wird, übernimmt. In [BMBF14], S. 45 f. berichtet ein Hersteller von Durchführungen hierzu, dass in Laborversuchen eine Vergleichmäßigung der Temperatur entlang des Leiterrohres durch die Heatpipe-Technologie erreicht wurde. Diese Technologie basiert auf der Verdampfung eines Kühlmittels in den heißen Bereichen, und der Kondensation des Kühlmittels im kalten Bereich. Eine Reduzierung der Maximaltemperatur entlang des Leiters von 20 K konnte hierdurch erreicht werden. Eine Abfuhr der Wärme, beispielsweise an die in der Regel vorhandenen Schirmtoroiden, könnte hierbei noch für einer weitere Reduktion der Temperatur sorgen und zu geringeren Temperaturgradienten führen. Dieses System wurde bereits zur Kühlung von hoch belasteten Durchführungen in [Zeng00] vorgeschlagen um höhere Ströme, und somit höhere Leistungen ohne eine zusätzliche, möglicherweise kritische, Erhöhung der Maximaltemperatur zu verursachen.

8. Anwendung im Umpolungsfall

Ein für die Hochspannungsgleichstromübertragung spezifisches Problem stellt die Umpolung der Spannung dar. Die Problematik dabei besteht insbesondere darin, dass sich die im stationären Zustand eingestellte Entlastung des Materials mit der höheren Leitfähigkeit schlagartig verändert. In einem Transformator erfährt hierbei beispielsweise das Barrierensystem aus Öl und Papier diese Änderung. Sobald die andere Polarität der Spannung an dem Barrierensystem anliegt, wird dabei beispielsweise das Öl, welches aufgrund der höheren Leitfähigkeit eine Entlastung der Feldstärke in stationären Gleichspannungsfall erfahren hat nun plötzlich stark beansprucht. Dabei kann die Feldstärkebelastung teilweise deutlich über der im Wechselspannungsfall durch die kapazitive Aufteilung bestimmten Auslegungsfeldstärke liegen. Im Extremfall kann dies sogar zu einem Versagen der Isolation führen, falls die Belastung über der Durchschlagsfeldstärke des Materials liegt. Dieses Verhalten ist auch bei Durchführungen bekannt, [Schn10] schreibt dazu: „Des Weiteren ist der bei Gleichspannungs-durchführungen kritische Polaritätswechsel zu berücksichtigen, der sich zu Beginn wie ein kapazitives Verhalten unter Wechselspannung und nach Beendigung der Ausgleichs-vorgänge wieder wie ein resistives Verhalten darstellt, und der zu Spannungshöhen und damit Feldstärken führen kann, die zulässige Werte weit überschreiten.“

Das aktuelle Kapitel zeigt die Anwendung der im vorherigen Kapitel verifizierten Simulationsumgebung. Die vorgestellte weiterführende Simulation zeigt die Möglichkeiten der Verwertbarkeit der Simulationsergebnisse am Beispiel einer Umpolung auf. Im ersten Unterkapitel wird die Umpolung bei einem Dielektrikum ohne einen Temperaturgradienten vorgestellt. In Kapitel 8.2 wird die Umpolung bei einem im Dielektrikum vorhandenen Temperaturgradienten vorgestellt und im ergänzenden Teilkapitel wird für den auftre-tenden Effekt der Feldstärkeüberhöhung eine mögliche Erklärung dargestellt.

8.1 Umpolung ohne Temperatur- bzw. Leitfähigkeitsgradient

In diesem Teilkapitel wird eine Umpolung im stationären Fall ohne einen Temperatur-gradienten innerhalb des Dielektrikums simuliert. Als Simulationsbedingungen wurde eine Umgebungstemperatur von 50 °C gewählt, eine Beheizung des nachgebildeten Prüfkörpers fand nicht statt, so dass alle Elemente in der Simulation bei einer konstanten Temperatur von 50 °C angenommen wurden. In der Simulation wurde eine Spannung von -20 kV am Erdbelag für 100.000 Sekunden angelegt. Im Anschluss daran fand eine Erdung für 180 Sekunden statt. Nach dieser Erdung wurde erneut für 100.000 Sekunden eine Spannung am Erdbelag angelegt welche nun aber die entgegengesetzte Polarität hatte, also +20 kV. Der Innenleiter war während allen Phasen auf Erdpotential gelegt. Die gewählte Zeit der Erdung soll eine simulierte Leistungsflussumkehr im Netz darstellen, bei welcher nach einer stationären Phase die Leistungsrichtung umgekehrt wird, und zwischenzeitlich zur Entlastung der Komponenten eine Erdung von drei Minuten durchgeführt wird. Dieser Zyklus ist angelehnt an eine Gleichspannungsprüfung einer HGÜ-Wanddurchführung, wie in [Küch17], S. 583 aufgeführt. Die Dauer der Spannungsphasen wurde, um eine möglichst vollständige Polarisation zu erreichen, auf 100.000 Sekunden festgelegt und die Entlastung während der Umpolung auf drei Minuten erhöht. Die zugehörige Simulation aus Bild 8-1 wurde mit dem Polarisationsmodell durchgeführt. Da auch das R_0/C_0-Modell das identische Ergebnis liefert, wird auf eine Darstellung verzichtet und auf das Ergebnis des Polarisationsmodells verwiesen. Im linken Bereich von Bild 8-1 ist die komplette Simulation zu erkennen, im rechten Teil wird der eigentliche Umpolvorgang zeitlich feiner aufgelöst dargestellt.

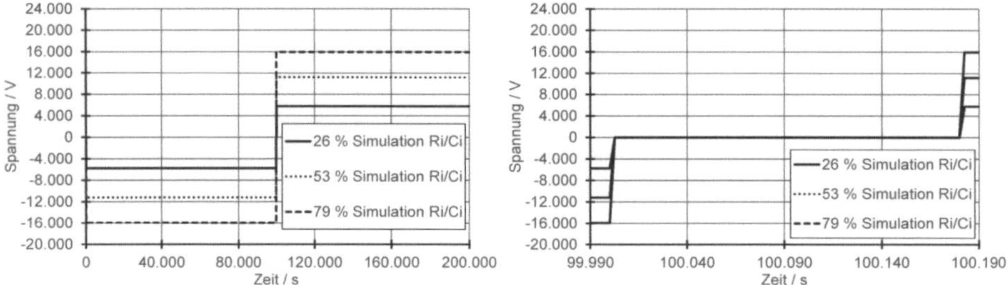

Bild 8-1: Simulation eines Umpolvorganges bei einer konstanten Umgebungstemperatur von 50 °C ohne Temperaturgradient im Dielektrikum. Links: Darstellung der kompletten Simulation mit einer angelegten Spannung von -20 kV am Erdbelag für 100.000 Sekunden, dann 180 Sekunden Erdung und anschließend 100.000 Sekunden Anlegen einer Spannung von +20 kV am Erdbelag. Rechts: Ausschnitt des eigentlichen Umpolvorgangs zeitlich besser aufgelöst.

Wie bereits im identischen Fall ohne Umpolung zu sehen, ist kein Übergang von der kapazitiven zur resistiven Spannungsaufteilung zu erkennen. Im Moment der Erdung verschwindet die treibende Kraft des Strömungsfeldes und das Potential sinkt bei allen Belägen auf Erde. Die anschließende umgekehrte Polarität stellt sich ungehindert anhand der kapazitiven Aufteilung ein und geht ohne erkennbaren Übergang in den resistiven Zustand über.

Durch die identischen Leitfähigkeiten bzw. Widerstände in allen Bereichen kommt es hierbei zu keiner Grenzflächenpolarisation und das elektrische Feld teilt sich homogen auf. Somit kommt es zu keiner intern unterschiedlichen Form der Speicherung von Ladung, welche eine Spannungsüberhöhung während des Umpolvorgangs verursachen könnte.

8.2 Umpolung bei einem Temperaturgradienten von 60 K

Der zweite simulierte Fall orientiert sich an den durchgeführten Messungen und versucht diese nachzubilden bzw. weiterzuführen. Für diese Simulation wurde eine Umgebungstemperatur von 50 °C angenommen. Der Wickelkörper wird dabei von innen heraus beheizt und es stellt sich ein stationärer Temperaturgradient von 60 K ein. Eine Spannung von -20 kV wurde für 100.000 Sekunden am Erdbelag angelegt. Nach der anschließenden 180 Sekunden dauernden Erdung wurde die entgegengesetzte Polarität mit einer Spannung von +20 kV am Erdbelag für 100.000 Sekunden angelegt. Der sich in Inneren befindliche Leiter lag ständig auf Erdpotential.

8.2.1 Ergebnisse der durchgeführten Simulationen

Die in Bild 8-2 dargestellte Simulation der Umpolung wurde mit dem R_0/C_0-Modell durchgeführt. Wie schon in der Simulation zur Nachbildung der durchgeführten Messungen stellt die Simulation während der ersten Polarität die Startbedingungen und die Endwerte gut dar, der transiente Übergang zwischen den Zuständen verläuft allerdings zu schnell. Die Simulation der zweiten Polarität beginnt bei betragsmäßig höheren Potentialwerten und fällt dann erneut recht schnell auf das - betragsmäßig gesehen - identische Potential wie bei der ersten Polarität. Der eigentliche Umpolvorgang aus dieser Simulation wird im darauf folgenden Bild zeitlich größer aufgelöst dargestellt.

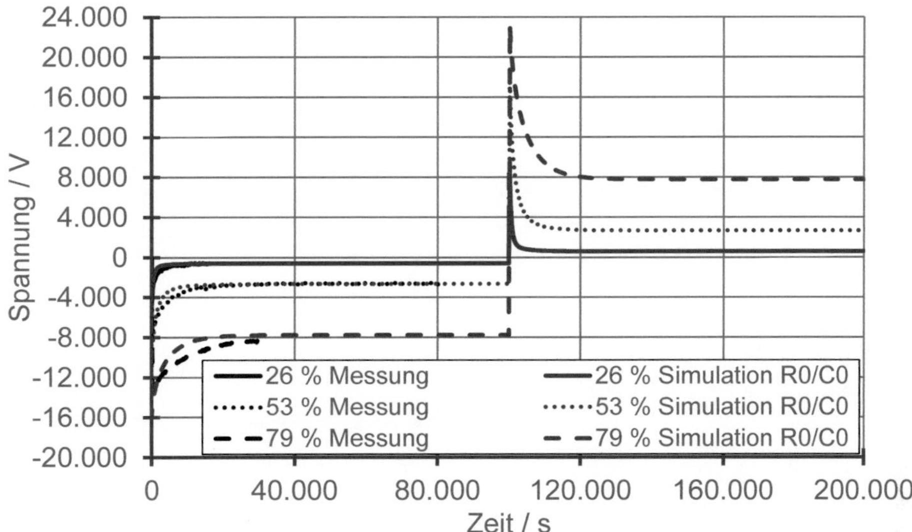

Bild 8-2: Simulation eines Umpolvorganges mit dem R_0/C_0-Modell bei einer konstanten Umgebungstemperatur von 50 °C mit einem Temperaturgradient von 60 K im Dielektrikum. Darstellung der kompletten Simulation mit einer angelegten Spannung von -20 kV am Erdbelag für 100.000 Sekunden, dann 180 Sekunden Erdung und anschließend 100.000 Sekunden Anlegen einer Spannung von +20 kV am Erdbelag.

Bild 8-3 zeigt den Vorgang der eigentlichen Umpolung. Beim Zeitpunkt 99.990 Sekunden sind die letzten zehn Sekunden der ersten Polarität zu sehen. Das stationäre Strömungsfeld hat sich eingestellt und die Potentiale der Steuerbeläge haben sich aufgrund von unterschiedlichen Leitfähigkeiten im Inneren des Dielektrikums in Richtung der kühleren und somit weniger leitfähigen Bereiche verschoben. Nach 100.000 Sekunden erfolgt für 180 Sekunden eine Erdung des bisher an Spannung liegenden Erdbelags. Die Potentiale der Steuerbeläge stellen sich direkt nach der Erdung aufgrund der unterschiedlich geladenen Schichten entgegengesetzt der bisher angelegten Spannung ein. Die unterschiedliche Ladung der Schichten wird durch die prinzipiell identische Kapazität im Zusammenspiel mit der, durch den Temperaturgradienten hervorgerufenen, Gradienten der Leitfähigkeit bzw. des Widerstandes verursacht. Die Potentiale nehmen durch die Entladung gegen Erde langsam ab, können sich aufgrund der langen Zeitkonstanten aber in der kurzen Phase der Erdung nicht vollständig entladen.

Bei Zuschalten der jetzt mit den Steuerbelägen gleichartig gepolten Spannung werden die Potentiale nun durch die Spannungsquelle angehoben. Durch die Überlagerung der beiden Effekte wird eine Überhöhung des Potentials an den Steuerbelägen über die theoretisch sich einstellende kapazitive Verteilung bewirkt. Am äußersten Steuerbelag entsteht hierdurch sogar eine Überhöhung des Potentials, welche über die von außen angelegte Spannung hinausgeht. Ein Versuch zur Erläuterung der hinter diesem Effekt stehenden Ursache wird in Abschnitt 8.2.2 vorgenommen.

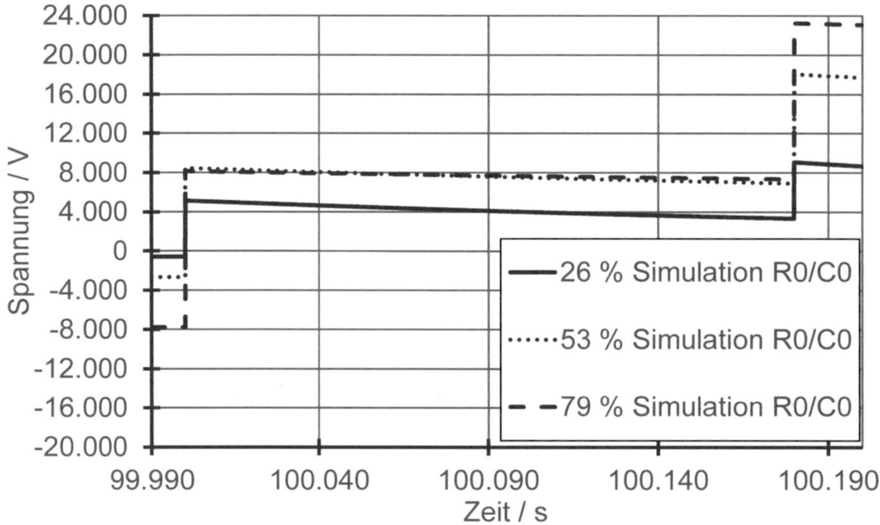

Bild 8-3: Ausschnitt der Simulation des Umpolvorgangs aus Bild 8-2 bei einer Umgebungstemperatur von 50 °C mit einem Temperaturgradient von 60 K im Dielektrikum. Zeitlich besser aufgelöste Darstellung des eigentlichen Umpolvorgangs bei Verwendung des R_0/C_0-Modells.

Bild 8-4 stellt das Ergebnis der Simulation der Umpolung nun mittels des Polarisationsmodells dar. Wie auch bei der vorhergehenden Simulation mit dem R_0/C_0-Modell, wurde das Dielektrikum mit einem Temperaturgradienten von 60 K bei einer Umgebungstemperatur von 50 °C nachgebildet. Die Dauer des am Erdbelag angelegten ersten Spannungssprunges von -20 kV wurde auf 100.000 Sekunden festgelegt. Nach einer Erdung von 180 Sekunden wurde die Spannung von +20 kV mit der gegensätzlichen Polarität dort angelegt. Der Leiterstab wurde während der kompletten Simulation auf Erdpotential gelegt.

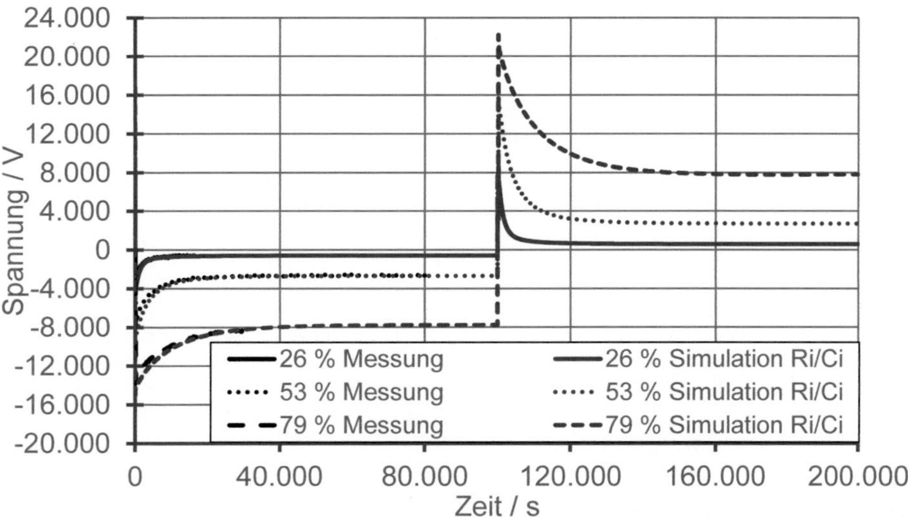

Bild 8-4: Simulation eines Umpolvorganges mit dem Polarisationsmodell bei einer konstanten Umgebungstemperatur von 50 °C mit einem Temperaturgradient von 60 K im Dielektrikum. Darstellung der kompletten Simulation mit einer angelegten Spannung von -20 kV am Erdbelag für 100.000 Sekunden, dann 180 Sekunden Erdung und anschließend 100.000 Sekunden Anlegen einer Spannung von +20 kV am Erdbelag.

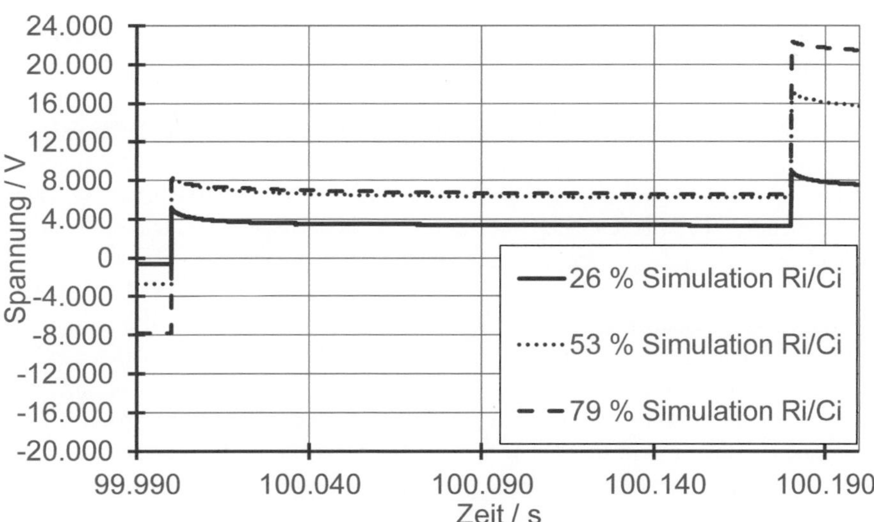

Bild 8-5: Ausschnitt der Simulation des Umpolvorgangs aus Bild 8-4 bei einer Umgebungstemperatur von 50 °C mit einem Temperaturgradient von 60 K im Dielektrikum. Zeitlich besser aufgelöste Darstellung des eigentlichen Umpolvorgangs bei Verwendung des Polarisationsmodells.

Die Potentialverteilung zu Beginn und die durch die unterschiedlichen Leitfähigkeiten bestimmte Aufteilung der Potentiale sowie den transienten Übergang zwischen diesen beiden Zuständen stellt das Polarisationsmodell in guter Übereinstimmung mit der realen Messung dar. Nach der Umpolung erkennt man, dass die Steuerbeläge auf höherem Potential beginnen, als durch die rein kapazitive Aufteilung zu erwarten wäre. Im weiteren Verlauf stellt sich dann nach der Umpolung die erwartete Verteilung anhand des durch Leitfähigkeiten bestimmten Strömungsfeldes entsprechend der nun entgegengesetzten Polarität ein. Eine genauere Ansicht des eigentlichen Umpolvorgangs kann in Bild 8-5 näher betrachtet werden.

Anmerkung: Im Vergleich zu Bild 8-5 wirkt der abfallende Kurvenverlauf direkt nach der Erdung im vorherigen Bild 8-3, als ob die Simulation linear zwischen den Punkten bei 100.000 Sekunden und 100.180 Sekunden interpoliert wäre. Dies ist aber nicht der Fall, die Kurven bestehen aus einzelnen Werten welche alle 0,1 Sekunden berechnet wurden. Der Abfall wirkt aufgrund des Fehlens von kleinen Zeitkonstanten im R_0/C_0-Modell im betrachteten Zeitintervall linear.

Der Ausschnitt der Umpolungssimulation in Bild 8-5 beginnt 99.990 Sekunden nach Anlegen des Spannungssprunges von -20 kV am Erdbelag. Zu diesem Zeitpunkt hat sich das stationäre Strömungsfeld anhand der durch den Temperaturgradienten verursachen Leitfähigkeitsverteilung eingestellt. Beim Zeitpunkt 100.000 Sekunden wird der Erdbelag für 180 Sekunden auf Masse gelegt. Hierdurch springen die Potentiale der Steuerbeläge aufgrund der Entladung der im Dielektrikum gespeicherten Energie auf die entgegengesetzte Polarität. Die Potentialverteilung wird durch die, aufgrund des Leitfähigkeitsgradienten unterschiedlich geladenen, Schichten bestimmt. Durch die Entladung nehmen die Potentiale langsam ab, können sich aber bis zum Anlegen der jetzt umgepolten Spannungsquelle nur teilweise entladen.

Durch das Zuschalten der umgepolten Spannungsquelle, werden die Potentiale der gleichartig geladenen Steuerbeläge nun angehoben. Die zusätzliche Anhebung entspricht der durch eine kapazitive Verteilung theoretisch entstehenden Potentialaufteilung. Durch diese zusätzliche Anhebung entsteht am äußersten Steuerbelag eine Überhöhung des Potentials bis über die Höhe der am Erdbelag angelegten Spannung hinaus.

Durch den sich im Dielektrikum einstellenden Temperaturgradienten wird innerhalb des RIP-Körpers gleichzeitig ein Leitfähigkeitsgradient gebildet. Hierdurch entstehen ähnliche Voraussetzungen wie im Fall eines Barrierensystems. Im Inneren der Durchführung entstehen durch die höhere Temperatur leitfähigere Bereiche als im Äußeren des Isolierkörpers. Hierdurch stellt sich ein prinzipiell ähnlicher Effekt der Feldverdrängung in Barrieren ein, nur dass dieser intern in einer einzelnen Komponente stattfindet, und nicht im Zusammenspiel von zwei separaten Komponenten eines Isoliersystems.

Die Spannungsbelastung im Moment der Erdung liegt mit 5,1 kV zwischen dem Leiter und Steuerbelag 5 etwas über der Auslegungsfeldstärke. Die Belastung zwischen dem Belag 15 und dem nun auf Erde gelegten Erdbelag beläuft sich auf 8,1 kV und ist hiermit etwa mit 160 % der Auslegungsfeldstärke belastet. Die weiteren vorhandenen Belastungen liegen unter der Auslegung.

Im Zuschaltmoment wird nun eine überhöhte Spannung, von Steuerbelag 15 gegen Erde, gegenüber der angelegten Spannung festgestellt. Die durch diese Spannungsüberhöhung hervorgerufene Belastung des Isoliersystems trifft nun vor allem, in Gegensatz zu der Belastung im resistiven Endzustand, die wärmeren Bereiche im Inneren der Durchführung. Auf den ersten Blick scheint die Feldstärkebelastung in diesem Fall nicht kritisch, da sie verhältnismäßig gleich verteilt ist, und sich nicht nur auf einen Bereich beschränkt. Der Bereich zwischen dem Leiter und Steuerbelag 5 wird in diesem Moment mit 9 kV Spannung belastet, was beinahe dem doppelten der vorgesehenen Feldstärke entspricht. Zwischen Steuerbelag 5 und Steuerbelag 10 entsteht auch eine deutlich erhöhte Potentialdifferenz von 8,3 kV wohingegen die Potentialdifferenz zwischen den Einlagen 10 und 15 mit 5,1 kV unkritisch ist. Auch die Differenz zwischen dem nun wieder auf Spannung liegenden Erdbelag und dem Steuerbelag 15 ist mit 2,4 kV unkritisch.

In der Erdungsphase können die vorhandenen Ladungen, siehe Abschnitt 8.2.2, abfließen und der durch sie bewirkte Effekt der Überhöhung wird verringert. Die hier verwendete Erdungs-phase von 180 Sekunden bewirkt beispielsweise eine Entlastung der Überhöhung von 10,7 kV (215 % der Auslegungsfeldstärke) auf 9 kV (180 % der Auslegungsfeldstärke).

In Anhang C wird eine ähnliche Umpolung mit dem Unterschied, dass hierbei keine zwischenzeitliche Erdungsphase eingefügt wird, gezeigt. Wie dort erkennbar ist, bewirkt eine Verkürzung bzw. ein Entfallen der zwischenzeitlichen Erdungsphase eine dementsprechend deutlichere Überhöhung der Spannung.

Die vorgestellten Simulationen zeigen also auf, dass die Feldstärkebelastung während der Umpolung beinahe die gleiche Höhe der, durch die thermisch bedingte Verschiebung des Potentials verursachte, Belastung im resistiven Endzustand erreicht. Diese Belastung tritt nun vor allem in den bisher weniger belasteten wärmeren Bereichen auf. Auch wenn die Belastung in diesem Fall nur für relativ kurze Zeiten anliegt darf diese nicht ignoriert werden. Durch eine Erdung zwischen den Phasen kann - und sollte - die auftretende Belastung allerdings abgemildert werden.

Anmerkung: Das simulierte Verhalten, bei welchem die bisher auf negativem Potential liegenden Einlagen direkt nach der Erdung ein positives Potential aufweisen, konnte nach den einzelnen Messungen jeweils beobachtet werden. Leider wurde dies aber nicht aufgezeichnet, da zu diesem Zeitpunkt der Fokus auf die Potentialverteilung im stationären Endzustand gerichtet war. Durch einen Defekt des zweiten Netzgerätes, mit welchem die entgegengesetzte Polarität nach der Umpolung an den Prüfkörper angelegt werden sollte, konnten die geplanten Umpolmessungen nicht mehr durchgeführt werden. Dadurch konnten die Ergebnisse der Simulation der Umpolung nicht mehr verifiziert werden. Die Umpolmessungen werden allerdings aktuell in einem Folgeprojekt an einem Prüfköper geplant und stellen den Grundstein zu einer weiteren Forschungsarbeit dar.

8.2.2 Erläuterung des auftretenden Effektes

Um die während des Umpolvorgangs auftretenden Effekte der Spannungsüberhöhung erklären zu können, werden einige einfache *RC*-Modelle verwendet. Bei diesen wird eine Umpolung bei ähnlichen Bedingungen wie in der Simulation des Prüfkörpers durchführt. Die Werte sämtlicher Kapazitäten C_1 bis C_4 werden dabei zur Vereinfachung mit 100 pF festgelegt. Dies entspricht in etwa der in den Materialmessungen mit dem PDC-Analyser (siehe Abschnitt 5.1) ermittelten Kapazität von ca. 99 pF zwischen den Abgriffen der Steuerbeläge.

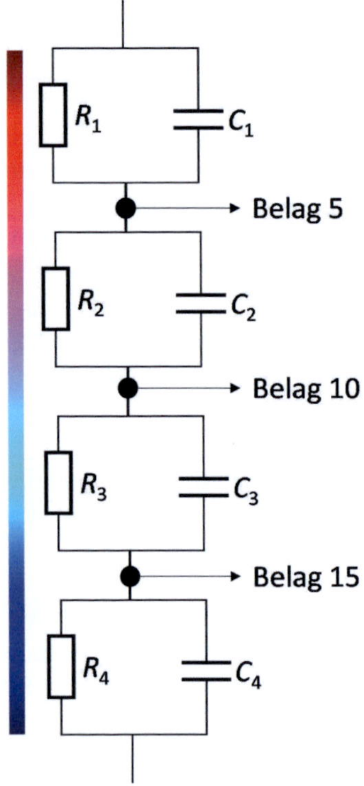

Bild 8-6: Vereinfachtes Simulationsmodell mit vier Schichten.

Die Elemente C_1 und R_1 stellen die Werte der innersten, der wärmsten Schicht dar, C_4 und R_4 die der äußersten, kältesten Schicht. Zwischen den einzelnen *RC*-Gliedern stellen Knotenpunkte die Steuerbeläge 5, 10 und 15 dar, die Temperaturverteilung von warm zu kalt ist symbolisch in einem Farbverlauf links neben dem Ersatzschaltbild dargestellt, Bild 8-6. Die Widerstände wurden unter Zuhilfenahme der Aktivierungsenergie berechnet. Dabei wurde ein Temperaturprofil mit einem Gradienten von 60 K bei einer Temperatur von 120 °C im Inneren angenommen. Die sich ergebenden Widerstände sind in Tabelle 8-1 dargestellt. Die Höhe der Spannungssprünge wurde zur Veranschaulichung auf -10 V bzw. 10 V fest-gelegt. Die Spannung wird jeweils am kühleren unteren Ende der dargestellten Ersatzschaltbilder angelegt, während das wärmere obere Ende auf Erde liegt.

Tabelle 8-1: Übersicht über die verwendeten Widerstände für die Nachbildung der Spannungsüberhöhung.

Name	Temperatur / °C	Wert / Ω
R_1	120	$1 \cdot 10^{11}$
R_2	100	$9 \cdot 10^{11}$
R_3	80	$7 \cdot 10^{12}$
R_4	60	$7 \cdot 10^{13}$

Anmerkung: Die verwendete Modellvorstellung stellt eine Vereinfachung dar, und entspricht nicht den wirklichen Verhältnissen. Durch diese Vereinfachung soll allerdings das Verständnis der auftretenden Effekte erleichtert werden. Die reale Ladungsträgerverteilung wird maßgeblich durch die Grenzflächen im Dielektrikum beeinflusst werden.

8.2.2.1 Umpolverhalten an einem vereinfachten einschichtigen *RC*-Modell

Zuerst wird eine Parallelschaltung des ersten *RC*-Gliedes von R_1 und C_1 simuliert, Bild 8-7, links. Für diese Simulation wird für 1000 Sekunden ein Spannungssprung von -10 V und direkt im Anschluss ein Spannungssprung von 10 V angenommen.

Bei Anlegen der Spannung stellt sich die erwartete Spannungs- bzw. Stromverteilung ohne besondere Auffälligkeiten ein, Bild 8-7, rechts.

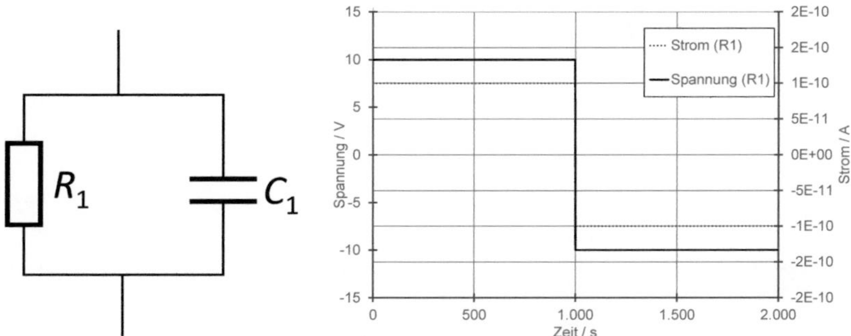

Bild 8-7: Parallelschaltung von *R* und *C* (links) und zugehörige Simulation (rechts).

8.2.2.2 Umpolverhalten an einem vereinfachten zweischichtigen *RC*-Modell

Die nächste Simulation bildet den heißen Innenkörper mit R_1/C_1 und einen kühleren äußeren Bereich mit R_4/C_4 nach, Bild 8-8, links. Die zugehörige komplette Simulation ist in Bild 8-8, rechts zu finden.

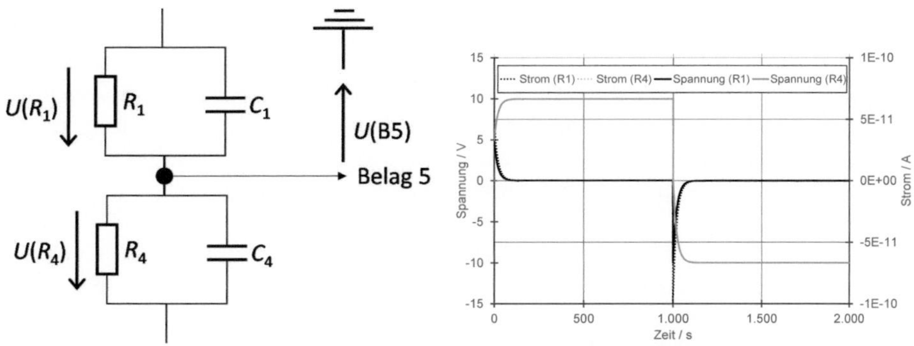

Bild 8-8: Simulationsmodell aus zwei *RC*-Gliedern (links) und zugehörige Simulation (rechts).

Zur Diskussion wird die obige Simulation in zwei Teile aufgeteilt, die erste Simulation stellt das Ergebnis des Spannungssprunges von 10 V für 1000 Sekunden und eine anschließende Erdung dar.

Die Spannungsaufteilung stellt sich zu Beginn anhand des Verhältnisses von 1 zu 1 der Kapazitäten ein. Die Kapazitäten sind identisch geladen. Im Anschluss stellt sich langsam die resistive Verteilung ein, bei welcher der Großteil der Spannung an R_4 abfällt. Entsprechend des Verhältnisses der Widerstände bzw. der Spannungen von 1 zu 700 (siehe Tabelle 8-1) lädt sich die Kapazität C_4 analog zu $Q=C/U$ deutlich höher auf, als die Kapazität C_1, Bild 8-9.

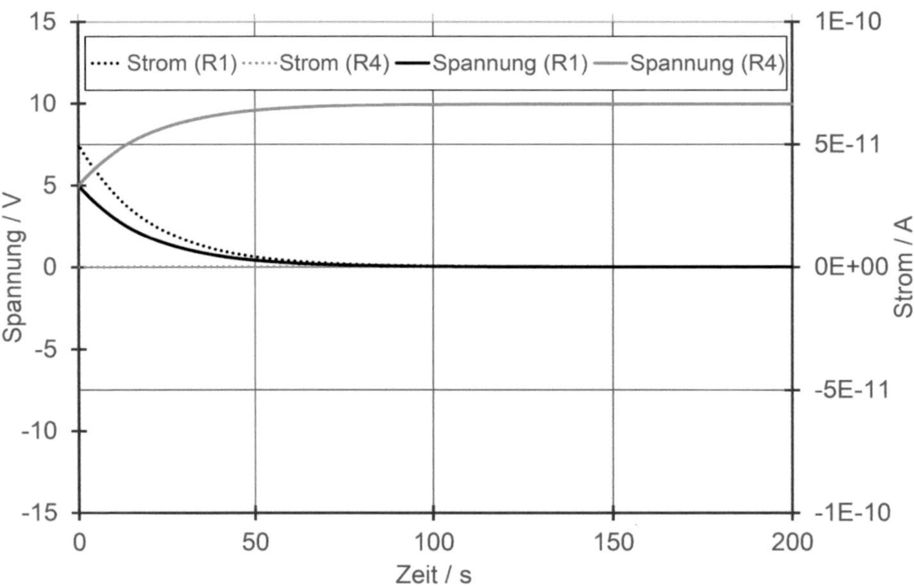

Bild 8-9:**Beginn** des Verlaufes von Strom und Spannung **bei Anlegen eines Spannungssprunges**.

Nach 1000 Sekunden folgt nun die Erdung und die geladenen - bzw. polarisierten - Kapazitäten entladen sich, Bild 8-10. Die Spannung $U(R_4)$ entspricht der Spannung am parallel liegenden C_4 entsprechend $U=C/Q$ und baut sich mit der Entladung ab. Der Entladestrom von C_4 fließt über den Widerstand R_1 gegen Erde und resultiert dort gemäß $U=R{\cdot}I$ in der mit dem Entladestrom abklingenden Spannung $U(R_1)$.

Der zweite Teil der Simulation aus Bild 8-10 legt dar, welche Belastung ein Zuschalten des negativen Spannungssprungs von -10 V nach 1000 Sekunden erzeugt. Für diese Simulation wurde die ersten 1000 Sekunden durchgehend geerdet, und erst nach 1000 Sekunden erfolgt der Spannungssprung. Wie bereits bei Anlegen des negativen Spannungssprunges im Übersichtsbild Bild 8-8 gezeigt, geht die kapazitive Verteilung in die resistive über, Bild 8-11.

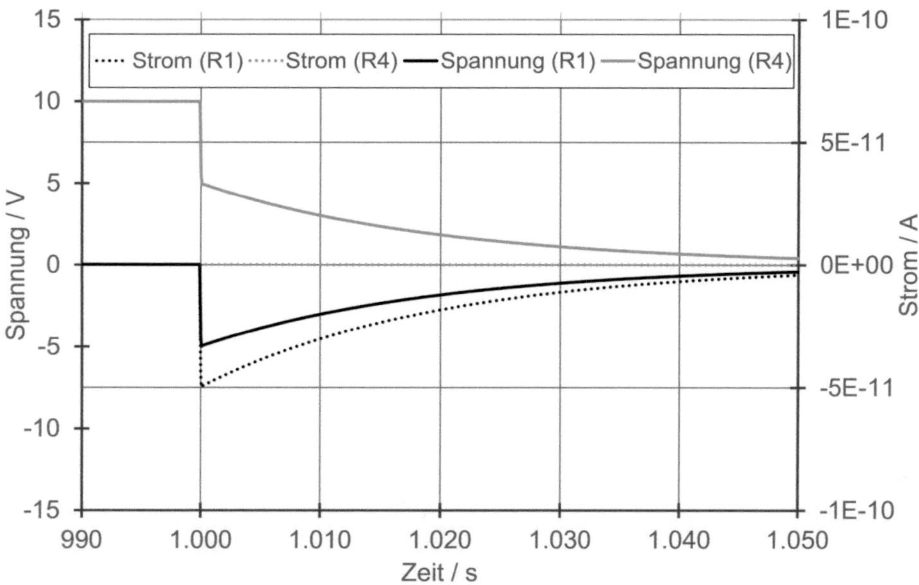

Bild 8-10: Ausschnitt: Verlauf von Strom und Spannung bei **Erdung nach 1000 Sekunden** beim Simulationsmodell mit zwei *RC*-Gliedern.

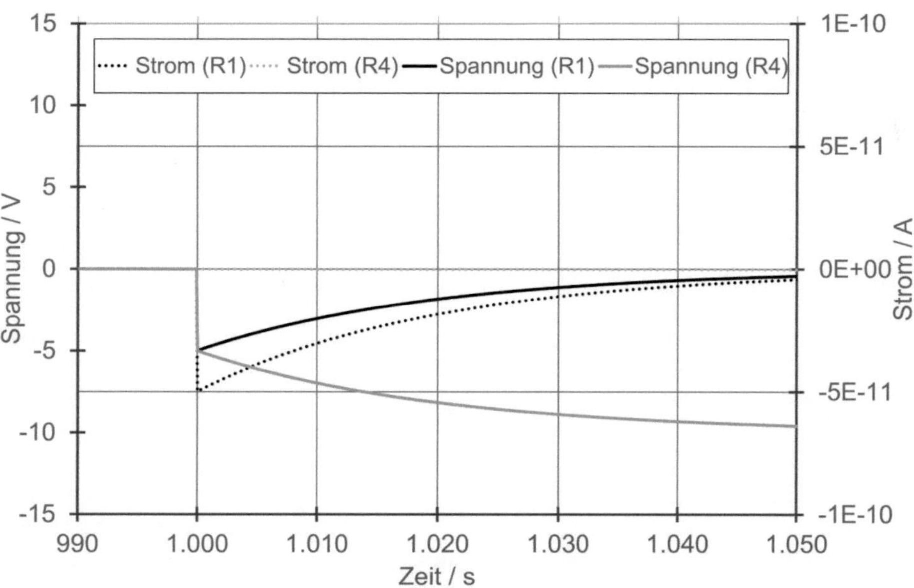

Bild 8-11: Ausschnitt: Anlegen eines **negativen Spannungssprunges nach 1000 Sekunden** beim Simulationsmodell mit zwei *RC*-Gliedern.

Wird nun die vollständige Umpolung mit Anlegen eines Spannungssprunges von -10 V für 1000 Sekunden und direkt daran anschließend ein Spannungssprung von 10 V simuliert, so addieren sich die Belastungen aus Bild 8-10 und Bild 8-11. Die durch die vorherige negative Polarität stark aufgeladene - polarisierte - Kapazität C_4 entlädt sich über R_1 und treibt dort die Spannung.

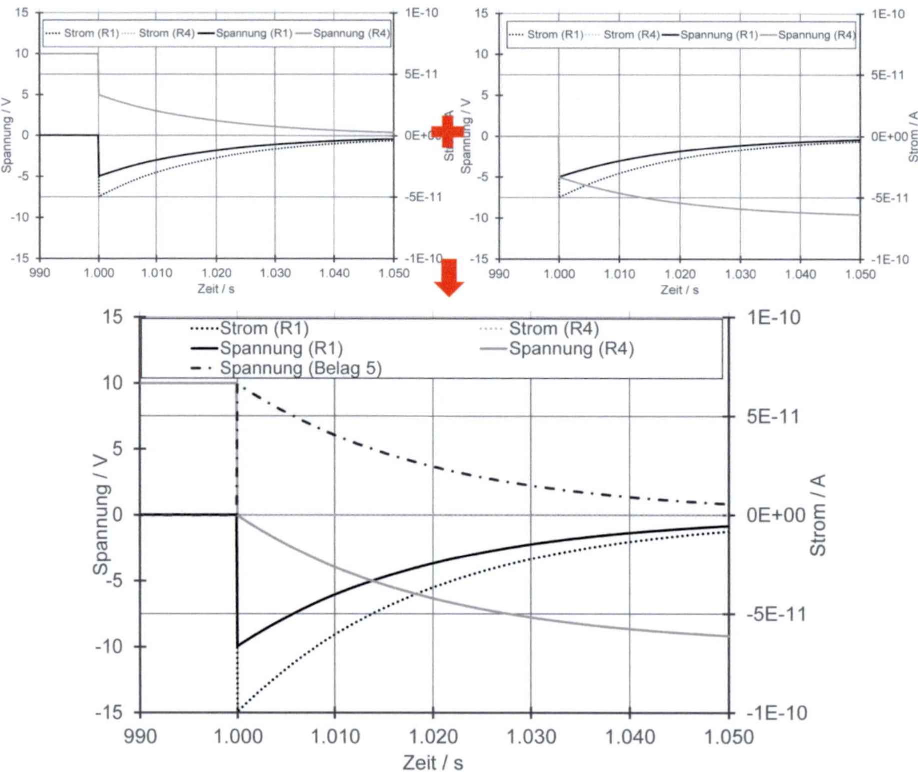

Bild 8-12: Zusammenführen der beiden Ergebnisse der aufgeteilten Simulation im Moment des Umpolens.

Durch die plötzliche Veränderung der angelegten Spannung wird zusätzlich zu der durch den Entladestrom verursachten Spannung noch die jetzt neu angelegte positive Spannung im Moment des Zuschaltens kapazitiv aufgeteilt. Die Addition dieser Effekte zeigt, dass hierdurch eine überhöhte Spannung an R_1 in den Momenten nach der Zuschaltung entsteht. Die an R_4 verbleibende Restspannung ist demzufolge äußerst gering. Das daraus resultierende Potential vom Steuerbelag 5 (B5), bzw. die entsprechende Spannung U(B5) gegen Erde nimmt dadurch beinahe die Höhe des beim Umpolen angelegten Spannungssprunges von 10 V ein, Bild 8-12.

8.2.2.3 Umpolverhalten an einem vereinfachten dreischichtigen *RC*-Modell

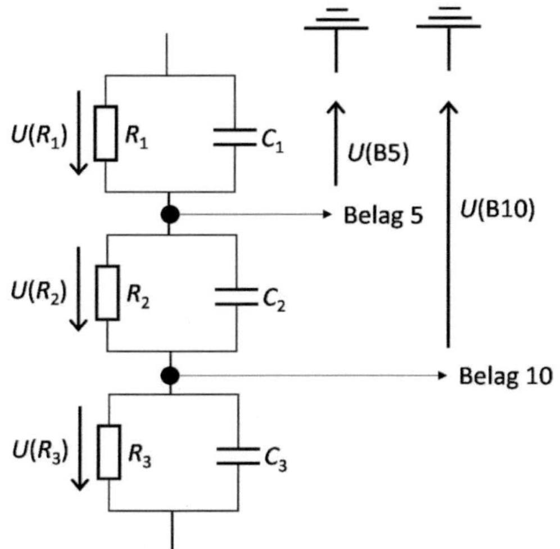

Bild 8-13: Vereinfachtes Simulationsmodell bestehend aus drei *RC*-Gliedern.

Um nun eine Potentialüberhöhung an einem Steuerbelag, welche, wie im dargestellten Fall der Umpolung am Prüfkörper, über die tatsächlich angelegte Spannung hinausgeht zu erzielen, wird das Ersatzschaltbild um ein weiteres *RC*-Element erweitert, Bild 8-13. Das Ersatzschaltbild zeigt nun die inneren drei *RC*-Elemente. Die Spannungen an den Widerständen R_1, R_2 und R_3 sind im Ersatzschaltbild als $U(R_1)$, $U(R_2)$ und $U(R_3)$ ausgeführt, die Spannungen der Beläge 5 bzw. 10 gegen Erde werden durch *U*(B5) bzw. *U*(B10) bezeichnet.

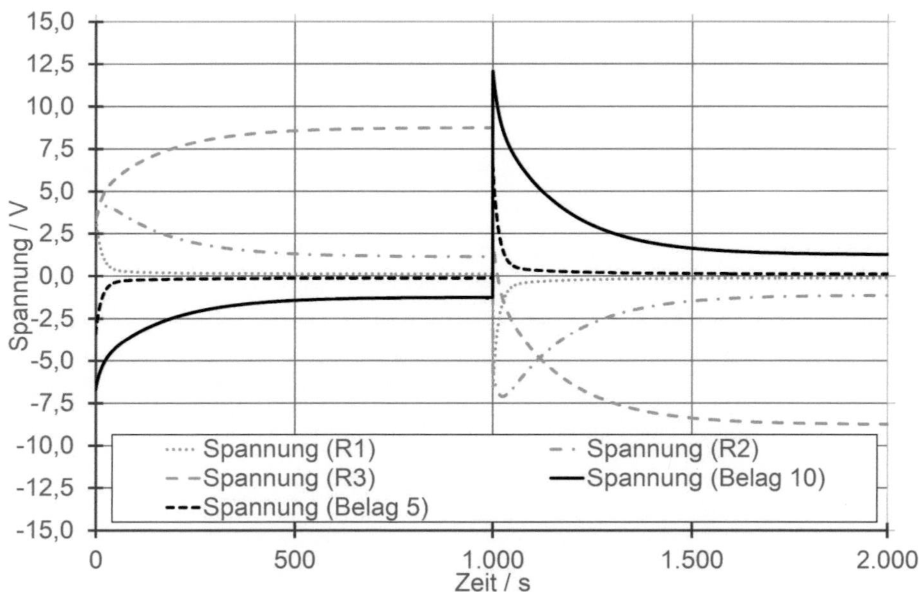

Bild 8-14: Ergebnis der Simulation des Modells mit drei *RC*-Gliedern.

Für die zugehörige Simulation aus Bild 8-14 wurde nach 1000 Sekunden negativer Spannung in Höhe von -10 V ein Spannungssprung auf 10 V für weitere 1000 Sekunden durchgeführt, ohne eine zwischenzeitige Erdung. Es ist gut zu erkennen, dass nun das Potential von Steuerbelag 10 in den Momenten nach der Umpolung mit etwa 12 V höher ist, als die tatsächlich angelegte Spannung von 10 V. Auch das Potential von Steuerbelag 5 liegt mit über 6 V höher als erwartet.

Zu Beginn ist wieder die kapazitive Spannungsaufteilung zu erkennen. Der Übergang in die resistive Verteilung erfolgt nun gesteuert durch die unterschiedlichen Zeitkonstanten der *RC*-Glieder. Die Phase der Umpolung ist in Bild 8-15 in Ströme (oben) und Spannungen (unten) zur besseren Ansicht zeitlich besser dargestellt und aufgeteilt.

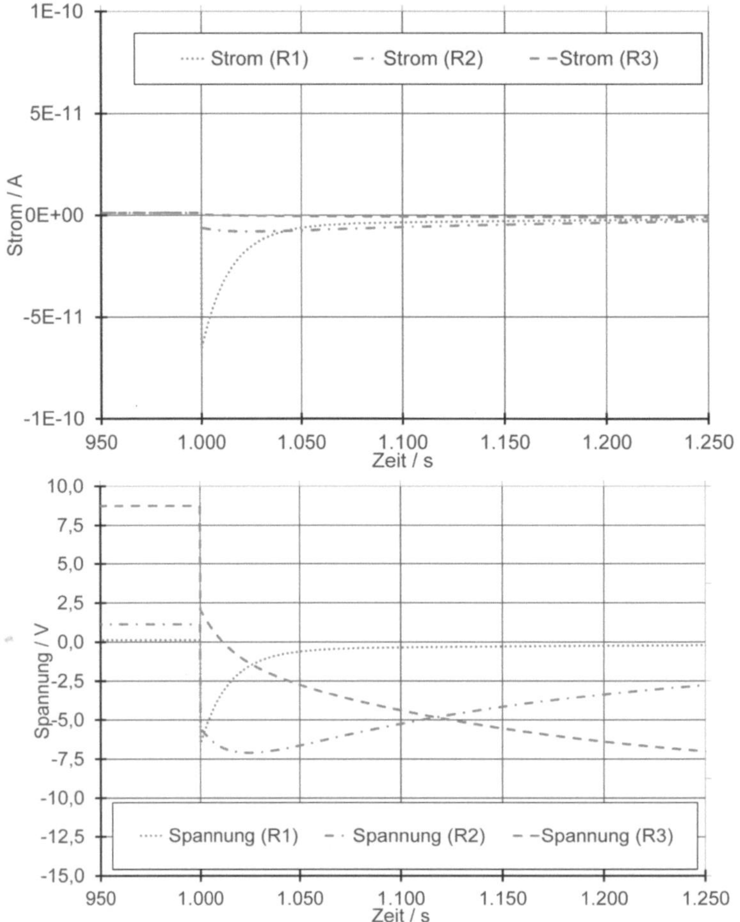

Bild 8-15: Ausschnitt in der Umpolungsphase beim Modell mit drei *RC*-Gliedern. Oben werden die Ströme, unten die Spannungen dargestellt.

Die sich durch einen Spannungssprung von 10 V einstellende kapazitive Verteilung von -3,3 V je Widerstand überlagert sich mit der durch die Ent- bzw. Umladeströme verursachten Spannung. Der Kondensator C_2, auf welchem einige Ladung gespeichert ist, entlädt sich mit einer kleinen Zeitkonstante über R_1 und treibt dort die Spannung an. Auf der Kapazität C_3 wurde viel Ladung gespeichert, welche sich nun über R_2 mit einer höheren Zeitkonstante entlädt und von dort aus weiter über R_1 abfließt. Die Kapazität C_3 wurde aufgrund des Verhältnisses der Widerstände in der vorherigen Spannungsphase so stark aufgeladen, dass sie auch bei einer Addition der durch die kapazitive Aufteilung entstehenden Ladung noch die Ladungsrichtung der vorherigen Polarität beibehält, und erst während des Entladungsprozess die Polarität wechselt. Daraus folgend bleibt auch für kurze Zeit die Polarität der an R_3 anliegenden Spannung konstant, ehe sie die gleiche Polarität wie die anderen Widerstände erhält. Das daraus resultierende Potential an Steuerbelag 10 liegt demnach über der tatsächlich angelegten Spannung von 10 V.

Die Ladung der einzelnen Kapazitäten während der ersten Polarität werden in Bild 8-17 und Bild 8-18 zu einzelnen Zeitpunkten dargestellt und anschließend erläutert. Zusätzlich sind noch die Spannungen der Beläge 5 und 10 gegen Erde angegeben. Der Zeitpunkt in der Simulation ist mit T angegeben, eine visuelle Übersicht über die einzelnen ausgesuchten Zeitpunkte der Ladungsbilder ist in Bild 8-16 zu sehen, in welchem die Zeitpunkte als senkrechte graue Markierungen auftreten. Die nachfolgende Veranschaulichung basiert auf dem, in Bild 8-13 gezeigten, vereinfachten Simulationsmodell. Die zugehörige Temperatur sowie der Widerstand werden in Tabelle 8-1 gezeigt. Analog zu Abschnitt 8.2.2 werden die Kapazitäten mit 100 pF angenommen, und die Höhe der Spannungssprünge beträgt -10 V beziehungsweise 10 V.

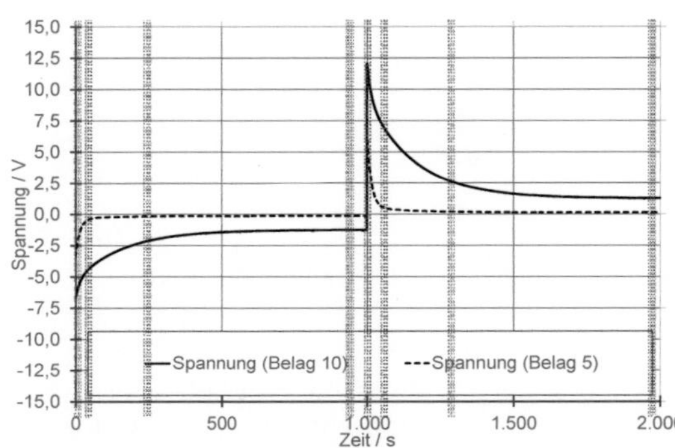

Bild 8-16: Darstellung der Zeitpunkte bei denen die Ladungsverteilung verdeutlicht werden soll.

Die durch die Spannungsquelle angetriebene Ladung wird mit 10 virtuellen Ladungselementen visualisiert. Zum Zeitpunkt 0 s ist die Ladung kapazitiv verteilt, jeder Kondensator hat eine Ladung von 3,33. Zum Zeitpunkt 25 s hat sich die Ladung von C_1 bereits teilweise auf C_2 und C_3 verschoben. Zum Zeitpunkt 250 s ist auf C_1 beinahe keine Ladung mehr gespeichert, die auf C_2 gespeicherte Ladung wird noch weiter auf C_3, auf welchem bereits ein Großteil der Ladung sitzt, geschoben. Nach 990 Sekunden ist nur noch eine Restladung auf C_2, beinahe die komplette Ladung sitzt auf C_3. Die stationäre Verteilung aufgrund der Widerstände ist erfolgt.

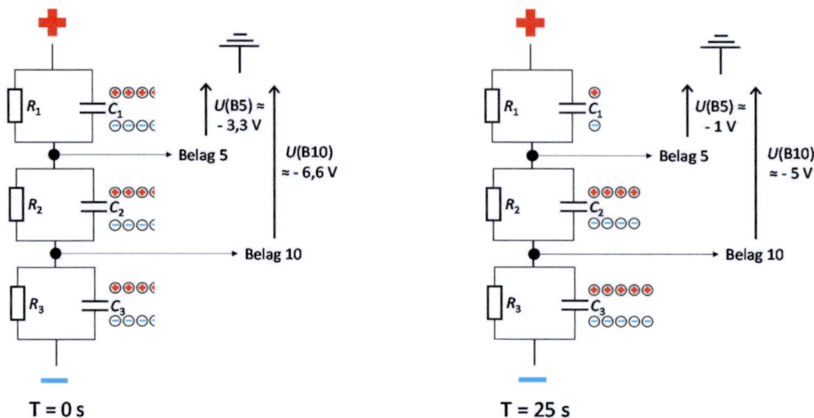

Bild 8-17: Darstellung der Ladungsträgerverteilung bei Start bzw. nach 25 Sekunden.

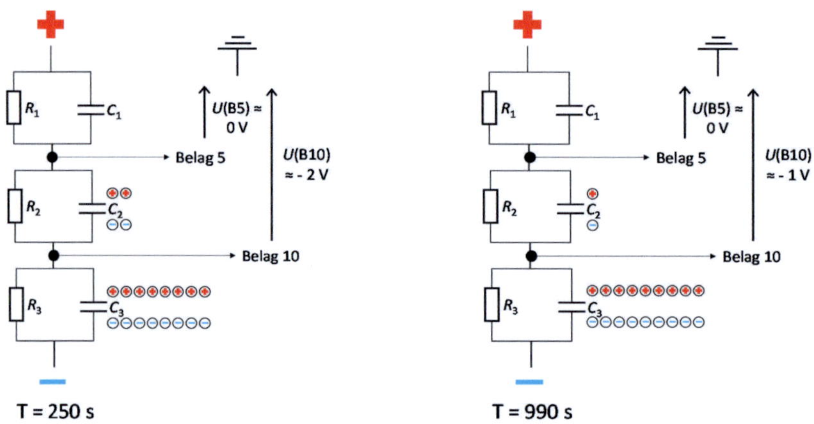

Bild 8-18: Darstellung der Ladungsträgerverteilung nach 250 und 990 Sekunden.

Der eigentliche Umpolvorgang wird in Bild 8-19 dargestellt. Hierzu wird die Umpolung in zwei Stufen PR(1) und PR(2) durchgeführt. Im Bild ist neben der Polaritätsänderung auch der Zustand vorher (T=990 s) und der Zustand nach Umpolung (T=1000 s) zum besseren Verständnis dargestellt. Aus diesem Grund wurde auch auf die visuelle Darstellung der Spannungen der Beläge gegen Erde in diesem Bild verzichtet. Zum Zeitpunkt PR(1) schaltet die Spannungsquelle vom -10 V ab, und es folgt damit eine Änderung der Spannungsverteilung. Die darausfolgende Ladungsänderung verteilt sich wieder kapazitiv auf alle drei Kapazitäten, so dass jeweils (-)3,33 Ladungen zu der bestehenden Ladungsverteilung von Zeitpunkt 990 s hinzukommen. Die Summe der Ladungen beträgt 0. Zum Zeitpunkt PR(2) schaltet die Spannungsquelle von 10 V nun zu, und es findet eine erneute Änderung der Spannungsverteilung statt, welche sich wieder in einer Ladungsänderung auswirkt. Auch bei dieser Änderung werden die Ladungsträger wieder kapazitiv auf alle Kapazitäten verteilt, so dass wieder (-)3,33 Ladungen pro Kondensator hinzukommen. Die

Ladungsmenge ist nun wieder durch die Spannungsquelle auf (-)10 angestiegen. Zum Zeitpunkt 1000 s hat sich die kapazitive Verteilung der Ladungen mit der vorherigen Verteilung überlagert und bildet die Verteilung direkt nach Zuschalten der zweiten Polarität ab wobei die Ladung auf C_3 noch eine andere Polarität hat, als die Ladung auf den weiteren Kapazitäten.

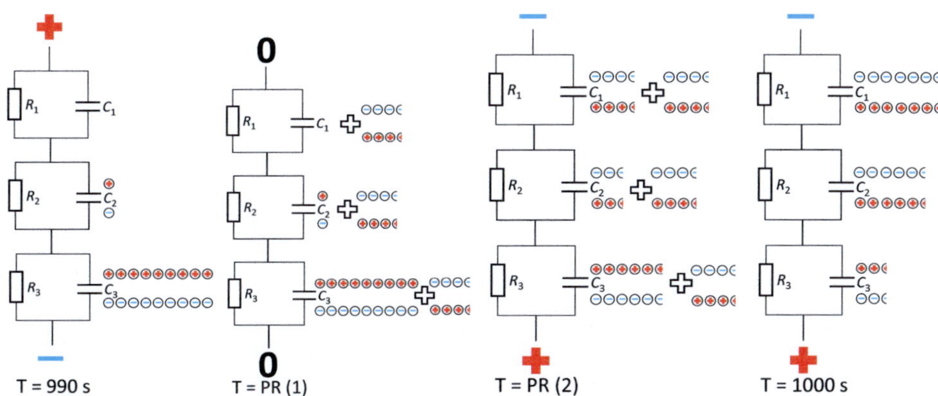

Bild 8-19: Darstellung des Umpolvorganges in einzelnen Schritten mit visueller Darstellung der Ladungsträger.

Die weitere Aufteilung der Ladungen erfolgt wie in Bild 8-20 zu sehen. Zum Zeitpunkt 1025 s ist bereits ein Großteil der Ladung von C_1 auf C_2 abgeflossen und C_3 hat durch den Zufluss von Ladungen aus C_2 bereits die identische Polarität. Zu beachten hierbei ist, dass die Polarität auf C_3 zwischen den Zeitpunkten 1000 s und 1025 s wechselt, so dass bei oberflächlicher Betrachtung der Darstellung der Eindruck entstehen kann, die Ladung habe sich nur verringert, dabei hat sie jedoch die Polarität gewechselt. Beim Zeitpunkt 1250 s ist C_1 nahezu vollständig entladen und der Umladevorgang von C_2 auf C_3 ist schon zu einem Großteil abgelaufen. Der Zeitpunkt 1990 s stellt wieder die stationäre Ladungsverteilung anhand der resistiven Verteilung dar.

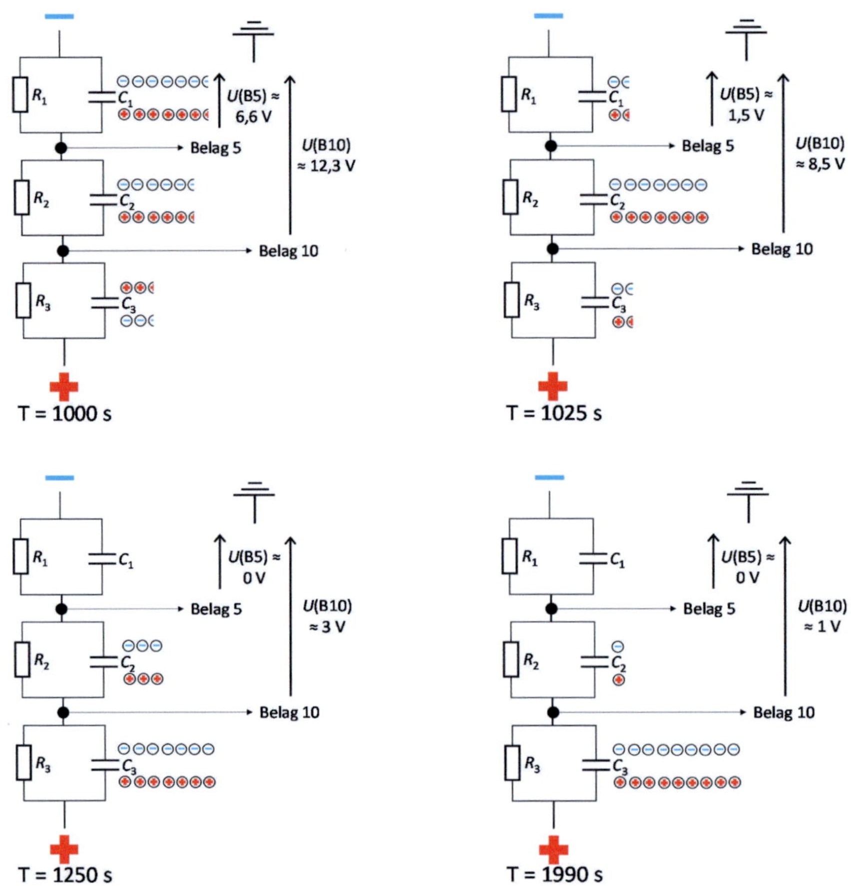

Bild 8-20: Visuelle Darstellung der Ladungsträger nach dem Zeitpunkt der Umpolung bis zum stationären Zustand.

Eine Erweiterung der Modellvorstellung auf vier *RC*-Glieder, wie in Bild 8-6 zu sehen, bringt für das Verständnis keinen weiteren Gewinn, dennoch soll das Ergebnis in Bild 8-21 gezeigt werden, da die Verhältnisse der Potentiale zueinander denen der vorgestellten Umpolung des Prüfwickels aus Bild 8-2 bereits ähneln. Die Herleitung zu diesem Ergebnis mithilfe der Ladungsbilder und den darin eingezeichneten Spannungspfeilen ist in Anhang D dargestellt.

Diese Nachbildung des Effektes der Potentialüberhöhung basiert prinzipiell auf dem R_0/C_0-Modell, allerdings wurden hierbei für die komplette Durchführung zur Vereinfachung nur vier *RC*-Glieder verwendet, was eine genaue Abstufung der Temperatur nicht möglich macht. Dennoch zeigt bereits dieses einfache Modell eine erkennbare Ähnlichkeit mit den durch das R_0/C_0-Modell erzeugten Verläufen.

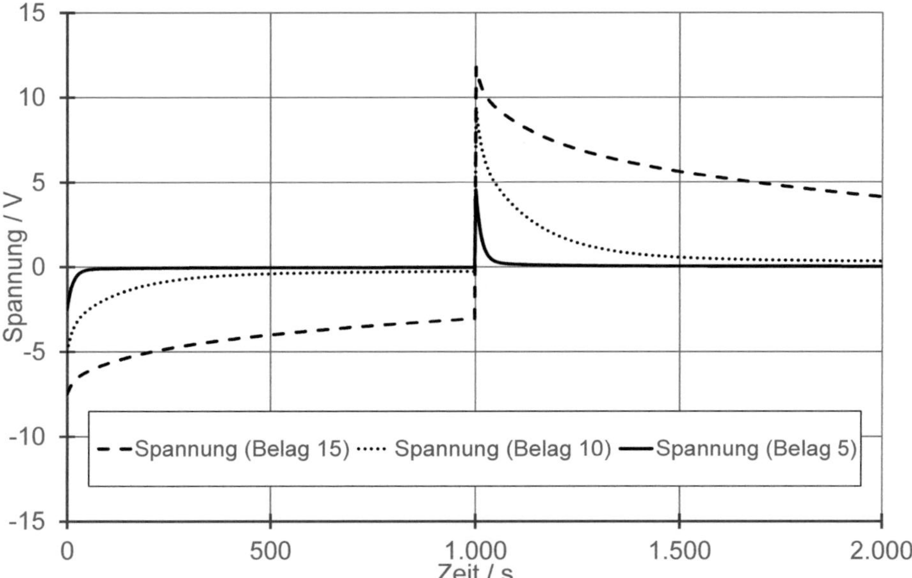

Bild 8-21: Ergebnis der Simulation des vereinfachten Modells mit vier *RC*-Gliedern, Darstellung des Potentiales der Steuerbeläge.

Eine Erweiterung des in diesem Abschnitt verwendeten Modells durch zusätzliche parallele *RC*-Serien-Elemente, wie beim Polarisationsmodell, führt zu einem anderen Abklingverhalten der Entladeströme durch die zusätzlichen Zeitkonstanten und nähert sich damit der Simulation mit dem Polarisationsmodell an. Ein prinzipiell anderes Verhalten bei Einfügen dieser parallelen Elemente kann allerdings ausgeschlossen werden, da die Ersatzkapazitäten bei allen Temperaturen die gleichen Werte haben.

9. Zusammenfassung

Die in dieser Arbeit vorgenommenen Messungen, die Temperaturumrechnung sowie die zugehörigen Simulationen und die Modellbildung werden in diesem Kapitel zusammengefasst wiedergegeben. Weiterhin werden die daraus gezogenen Schlussfolgerungen und Erkenntnisse kurz dargelegt.

9.1 Modellbildung und Simulation

Die für die Simulation der Durchführung verwendete Modellbildung basiert auf der Diskretisierung der Geometrie und der Temperatur. Mithilfe der in axialer und in radialer Richtung entstehenden Elemente wird ein *RC*-Ersatzschaltbild, welches das Verhalten des Prüfkörpers nachbildet, erstellt. Durch Zuweisung eines Materials für das jeweilige Element werden diesem Materialwerte zugeordnet und an die vorhandene Temperatur und an die geometrischen Dimensionen des Elementes angepasst.

Zur Simulation wird eine elektrische Schaltungssimulationssoftware basierend auf der SPICE-Plattform verwendet. Für die Simulation werden dabei zwei Modellvarianten herangezogen, mit welchen die einzelnen Fälle jeweils berechnet werden können.

Die erste Modellvariante ist das R_0/C_0-Modell. Es basiert auf der geometrischen Kapazität und dem Endwert des Isolationswiderstandes. Pro Element besteht es nur aus einem Widerstand (R_0) und einer Kapazität (C_0). Das Modell stellt sowohl den Endwert aufgrund der resistiven Verteilung, als auch die (Start-)Werte, welche sich durch eine plötzliche Änderung der Spannung und die daraus resultierende kapazitive Aufteilung ergeben, korrekt dar. Der transiente Übergang zwischen diesen Zuständen wird allerdings aufgrund fehlender Zeitkonstanten nicht korrekt abgebildet.

Die zweite Modellvariante ist das Polarisationsmodell (R_i/C_i-Modell). Dieses Modell erweitert das R_0/C_0-Modell um weitere parallel geschaltete *RC*-Serienelemente. Dieses Modell stellt die sich aufgrund von plötzlich ändernden Spannungen einstellenden Werte bei kapazitiven Verteilungen und die resistive Verteilung, welche sich aufgrund der eingestellten Leitfähigkeiten ergibt, korrekt dar. Weiterhin wird der transiente Übergang zwischen den beiden stationären Zuständen je nach Anzahl der verwendeten zusätzlichen Zeitkonstanten korrekt angenähert. In dieser Arbeit wurde die Anzahl der verwendeten *RC*-Serienelemente auf zehn Stück festgelegt, dies liefert eine gute Genauigkeit des tatsächlichen Verlaufes. Für spezielle Fragestellungen oder erweiterte Ansprüche, kann es auch auf eine andere Anzahl an Zeitkonstanten erweitert werden.

9.2 Messung und Temperaturumrechnung

Die folgenden Unterkapitel fassen neben den vorgestellten thermischen und elektrischen Messungen auch die Temperaturkompensation der Materialparameter kurz zusammen.

9.2.1 Temperaturverteilung im Prüfwickel

Die Messungen zur Erfassung der Temperaturverteilung fanden in einer Klimakammer statt. Die Umgebungstemperatur wurde dabei auf 50 °C eingestellt, um eine Befeuchtung der Prüfkörper durch eine hohe Luftfeuchtigkeit zu verhindern.

Zur Messung der Temperaturprofile wurde ein Prüfkörper mit eingelegten Temperaturfühlern verwendet. Hierdurch ist es möglich, die sich in verschiedenen Betriebszuständen einstellende Temperaturverteilung im Inneren zu erfassen. Die thermische Erwärmung wurde durch eine im Leiterrohr platzierte Heizpatrone vorgenommen. Mithilfe dieser Methode war es möglich, die sich einstellenden Temperaturprofile auf den weitgehend identischen Prüfkörper zur elektrischen Messung zu übertragen.

9.2.2 Potentialverteilung im Prüfwickel

Die zur Beheizung benötigte Heizpatrone wird mit Netzspannung von 230 V betrieben, daher wurde die Hochspannung am Erdbelag zugeführt und der Leiter auf Erdpotential gelegt. Der speziell gefertigte Prüfwickel ermöglicht an drei Stellen den Zugriff auf jeweils einen Steuerbelag. Erstmals wurde daran die elektrische Potentialverteilung innerhalb der elektrischen Steuerung einer Durchführung bei Gleichspannung gemessen. Die Messung hierzu fand ebenfalls im Klimalabor bei einer Umgebungstemperatur von 50 °C statt, um den Einfluss der Luftfeuchtigkeit zu minimieren. Durch extrem hochohmige Messung mittels Rotationsvoltmeter gelang eine nahezu rückwirkungsfreie Messung des auf dem jeweiligen Steuerbelag anzutreffenden Potentials. Neben einer sehr hochohmigen Messung ist es für die Genauigkeit ebenso notwendig den Messaufbau mit einer möglichst niedrigen Kapazität durchzuführen, so können beispielsweise Streukapazitäten einen Einfluss auf die Messungen haben, vor allem auf die kurzen Zeiten und den transienten Übergang, welcher nicht immer vernachlässigt werden kann. Hierzu sei weiterführend auf den Anhang B.2 verwiesen.

Durch die Übertragung der gemessenen Temperaturprofile auf diesen Prüfkörper war es erstmals möglich, die durch einen Leitfähigkeitsgradienten hervorgerufene Potentialverschiebung messtechnisch zu erfassen und diese nicht nur durch Simulationen theoretisch zu berechnen. Durch diese Methodik konnte die transiente Verschiebung der Potentiale in Inneren der Durchführung hin zu den kühleren äußeren Bereichen erstmals direkt gemessen und die Simulationen somit verifiziert werden.

9.2.3 Dielektrische Materialmessungen und deren Temperaturkompensation

Die dielektrischen Materialmessungen, welche die Grundlage für die einzelnen Elemente des elektrischen Modells bilden, wurden direkt an dem betreffenden Prüfwickel zwischen den ausgewählten Steuerbelägen vorgenommen. Somit konnte ein Einfluss durch veränderte Probengeometrie, einen anderen Trocknungszustand oder eine veränderte

Materialzusammensetzung ausgeschlossen werden. Die Materialmessungen wurden ebenfalls in der Klimakammer durchgeführt. Zur Messung wurde die entsprechende Prüftemperatur zwei Tage vor der eigentlichen Messung im Raum eingestellt um den Prüfkörper an die entsprechende Temperatur anzugleichen. Um einen Zutritt von befeuchteter Umgebungsluft zu verhindern, wurde der Prüfkörper zusammen mit Trockenmittel verpackt, wobei die Zu- und Messleitungen herausgeführt wurden.

Eine Temperaturumrechnung zur Anpassung von Materialproben auf andere Temperaturen wurde vorgestellt. Die vorhandenen Messkurven können hiermit unter Zuhilfenahme der Aktivierungsenergie auf andere Temperaturbereiche umgerechnet werden. Es ergibt sich damit die Möglichkeit die Materialdaten auf die benötigten Temperaturen umzurechnen und hiermit die Elemente des Simulationsmodells an die benötigten Temperaturprofile anzupassen.

Da das vorgestellte Verfahren auf den Prinzipien der Arrhenius-Gleichung basiert, ist die Ermittlung einer Aktivierungsenergie unumgänglich. Allerdings liefert das bekannte Verfahren zur Ermittlung der Aktivierungsenergie durch den Vergleich zweier Messkurven im Fall der vorgestellten Materialmessungen kein sinnvolles Ergebnis. Die Ursache der Schwankungen liegt in der Tatsache begründet, dass die vorgestellten Messungen den stationären Endwert des Isolationswiderstandes bei den niederen Temperaturen nicht innerhalb der durch das Messgerät vorgegebenen maximalen Messdauer erreichen. Um die Aktivierungsenergie dennoch berechnen zu können, wurde versucht belastbare Endwerte unter Zuhilfenahme der Ladungsdifferenzmethode für die Kurven zu bestimmen. Allerdings lieferte auch die Berechnung der Aktivierungsenergie mit den abgeschätzten Endwerten keine eindeutige Materialkonstante, sondern ebenfalls unterschiedliche Ergebnisse.

Die letztlich zum Ziel führende Methode ergibt sich durch Anpassung von - in der Regel im Frequenzbereich zur Kompensation verwendeten - Verschiebungsfaktoren. Dabei kann der Verschiebungsfaktor wegen des Fehlens von Endwerten allerdings nicht wie ursprünglich vorgesehen berechnet werden. Anstelle dessen kann der Verschiebungsfaktor empirisch durch das Verschieben einer vorhandenen Messkurve bei einer Temperatur auf eine weitere vorhandene Messkurve bei einer weiteren Messtemperatur ermittelt werden.

Durch die bei allen Temperaturen identischen Polarisationsmechanismen und den dadurch bedingten ähnlichen Verlauf ist eine Kenntnis des Endwertes bei nur einer Temperatur ausreichend. Die Verschiebung erfolgt dabei solange, bis Teile der Kurvenverläufe übereinanderliegen. Bei Kenntnis der beiden Messtemperaturen kann mittels des nun bekannten Verschiebungsfaktors und der Boltzmann-Konstante die Aktivierungsenergie berechnet werden. Alternativ ist es durch diese Methodik auch möglich, durch Verschiebung der Messkurve mit bekanntem Endwert auf eine andere Messkurve den Endwert bei dieser Temperatur zu ermitteln und hierüber die Aktivierungsenergie zu bestimmen.

Bei Umrechnung der Materialersatzschaltbilder werden nur die Widerstände und nicht die Kapazitäten umgerechnet, dementsprechend verändern sich die zugehörigen Zeitkonstanten des Ersatzschaltbildes. Eine Verschiebung der Kurve bei hohen Temperaturen, bei welcher der Endwert der Messung erreicht wird, hin zu niederen Temperaturen bewirkt eine Verschiebung der gesamten Kurve hin zu längeren Zeiten. Dadurch ist es allerdings nicht möglich, Aussagen über den Verlauf der Kurve bei niedrigen Zeiten zu treffen, da die dazu notwendigen kleinen Zeitkonstanten fehlen. Eine Verschiebung von niedrigen Temperaturen hin zu höheren ist aufgrund des Fehlens von Endwerten meist nicht zweckmäßig. Zur Umgehung dieser Problematik kann aus der ursprünglichen Messkurve bei niederer Temperatur sowie der Kurve, welche durch Verschiebung der Messkurve, bei welcher der Endwert bekannt ist, entstanden ist, eine einzige zusammenhängende Kurve gebildet werden. Hierdurch kann die Kurve bei niederer Temperatur so verlängert werden, dass der Endwert bei dieser Temperatur ebenfalls erreicht wird. Die so entstandene Kurve bei niederer Temperatur kann als Referenzkurve verwendet werden, wenn sie die niedrigste relevante Temperatur des Systems darstellt. In ihr sind sowohl die Information über die kleinen Zeitkonstanten, als auch die längeren Zeitkonstanten enthalten. Sie kann dementsprechend auf höhere Temperaturen umgerechnet werden, ohne einen Verlust über die Startwerte oder die Endwerte der nachgebildeten Messung zu erleiden.

Die Anwendung dieser Methode ist weiterhin vorteilhaft, wenn der Endwert einer Messung bei niedriger Temperatur nicht mehr technisch erfasst werden kann, beispielsweise durch zu lange Messzeiten, oder sehr niedrige Messwerte. In diesem Fall kann der Endwert durch Verschiebung einer Messkurve bei höherer Temperatur ermittelt werden.

9.3 Erkenntnisse aus den Simulationen und Messungen

Durch die sehr gute Übereinstimmung der gemessenen Potentialverteilungen mit den simulierten Potentialverteilungen konnte das Simulationsmodell verifiziert werden.

Im Zustand ohne einen Temperaturgradienten, welcher vor allem im Moment des Zuschaltens eines Laststromes relevant ist, verhält sich der Prüfkörper entsprechend seiner Auslegung und die Felder teilen sich zu Beginn aufgrund der durch die Steuerbeläge eingestellten Kapazitäten auf. Durch die identische Temperatur in allen Bereichen ist die jeweilige Leitfähigkeit der Bereiche auch identisch. Hierdurch bleibt die Feldverteilung im weiteren Verlauf praktisch konstant, auch wenn nun die Verteilung durch die resistiven Anteile bestimmt wird.

Die Simulation des Verhaltens der elektrischen Felder im Fall mit einem angelegten Temperaturgradienten stellt den stationären Betriebszustand dar. Hier konnte das Simulationsmodell die erstmals in realen Messungen festgehaltene Potentialverschiebung sehr gut nachbilden. Die kapazitive Verteilung zu Beginn ist auch hier identisch mit der Auslegung der Prüfkörper, da die Kapazitäten auch bei thermischen Änderungen nahezu konstant sind. Die beim transienten Übergang in den resistiven Zustand immer deutlichere

Verschiebung des Potentials wird durch die temperaturbedingte Änderung der Leitfähigkeiten bzw. Widerstände des Materials hervorgerufen. So wird beispielsweise beim betrachteten Temperaturgradienten von 60 K im Inneren des Prüfkörpers eine derart hohe Potentialverschiebung hervorgerufen, dass in der äußersten Schicht, welche im Auslegungsfall 25 % des Potentials isolieren soll, nun etwa 60 % der Spannung anfallen. Dies entspricht einer etwa 2,5 fachen Belastung. Zu beachten dabei ist auch, dass bei dieser Betrachtung die Temperatur dieser äußersten Schichten durch die Diskretisierung als konstant angenommen wird. In der Realität wird auch in dieser Schicht selbst ein Gradient auftreten, der die Potentiale in die kühleren, äußeren Bereiche verschiebt, und somit eine noch höhere Belastung hervorruft.

Anmerkung: Um diese Belastung abmildern zu können, ist es notwendig die Temperaturgradienten innerhalb der Durchführung zu verringern. Im Hinblick auf steigende Leistungsanforderungen in der Übertragung elektrischer Energie stellt beispielsweise die Verwendung eines modifizierten Leiterrohres eine Möglichkeit dar. Dieses erreicht durch die Heatpipe-Technologie eine Vergleichmäßigung der Temperatur entlang des Leiters oder könnte im Idealfall einen Teil der Wärme an einen externen Kühlkörper abgeben.

Die Umpolung einer Durchführung wird in zwei Simulationen betrachtet, die erste wird ohne einen angelegten Temperaturgradienten durchgeführt, die zweite mit einem angelegten Gradienten.

Die Umpolung ohne Temperaturgradient liefert das erwartete Ergebnis, die resistive und die kapazitive Verteilung stimmen überein und gehen ineinander über. Auch beim Spannungssprung nehmen die Potentiale die durch die Steuerbeläge bestimmte Verteilung an und teilen die Spannung entsprechend der Auslegung auf.

Eine Umpolung mit einem angelegten Temperaturgradienten hingegen weist ein deutlich anderes Verhalten auf. Der anfängliche Verlauf der Potentiale bis hin zur eigentlichen Umpolung entspricht dem bereits geschilderten Verlauf einer bei diesem Temperaturgradienten durchgeführten Potentialmessung. Ausgehend vom kapazitiven Zustand zu Beginn der Messung, geht die Verteilung dabei transient in den resistiven Zustand über in welchem die äußeren - kühleren - Bereiche einen deutlich größeren Spannungsabfall über dem Radius erfahren, als ursprünglich durch die Steuerbeläge definiert. Im Moment der Erdung fehlt die von außen treibende Kraft der Spannungsquelle, und das geladene Dielektrikum beginnt sich zu entladen. Der Entladevorgang bewirkt, dass die Potentiale gegenüber der Erde auf die entgegengesetzte Polarität springen. Die Potentiale klingen während der Erdung langsam ab während die Schichten des Dielektrikums sich entladen. Das Zuschalten der umgepolten Spannung hebt die nun gleichartig geladenen Potentiale zusätzlich an. Die, aufgrund des Temperaturgradienten, unterschiedlich geladenen Schichten des Dielektrikums bewirken im Zusammenspiel mit der Spannungsquelle dabei ein Anheben des Potentials über die angelegte Spannung hinaus. Auch wenn diese Belastung nur für relativ kurze Zeiträume auftritt, darf sie dennoch nicht vernachlässigt werden, da das Niveau der Belastung beinahe an das durch thermische Potentialverschiebung verursachte Niveau heranreicht. Eine Milderung dieser Belastung ist möglich, indem die Erdungszeit zwischen den Polaritätsphasen verlängert wird.

9.4 Unterschiedliche Anwendungsfelder

Für den Anwender derartiger Simulationen empfiehlt es sich, seinen Anwendungszweck genau zu definieren und sich für die dementsprechende Modellierungsvariante zu entscheiden, bzw. die Komplexität des Modells festzulegen.

Die Kenntnis des Temperaturprofils und die entsprechende Modellbildung stellen eine Voraussetzung für alle Modellvarianten dar. Genauso essentiell für jegliche Simulation ist die räumliche Diskretisierung der Geometrie des Simulationsobjektes. Falls die für die Berechnung benötigten Materialwerte nicht bei den benötigten Temperaturen gewonnen wurden, besteht die Notwendigkeit, die Werte von der Messtemperatur auf die Werte bei Simulationstemperatur umrechnen zu können. Dabei können unterschiedliche, in der Regel auf Arrhenius basierende, Verfahren verwendet werden.

9.4.1 Einsatzzwecke der unterschiedlichen Modellvarianten

Die Modellvariante des R_0/C_0-Modells ist die anwenderfreundlichere Möglichkeit. Die geringere Komplexität spielt dabei eine zentrale Rolle. Das entsprechende Modell ist schneller im entsprechenden Simulationsprogramm zu erzeugen. Die vergleichsweise geringe Anzahl von Ersatzschaltbildelementen erfordert nicht zwingend eine automatische Übergabe der Werte, diese können z.B. bei fehlender Importfunktion auch händisch eingegeben werden, auch wenn es sich aufgrund der möglichen Fehlerquellen nicht empfiehlt. Die geringere Anzahl von Ersatzschaltbildelementen pro Element des Simulationsobjektes führt ebenfalls zu einer deutlich beschleunigten Berechnung. Pro Element müssen hier nur die Werte für zwei elektrische Elemente pro Simulationselement, anstelle der Werte von 22 elektrischen Elementen beim Polarisationsmodell - entsprechend der hier vorgestellten Komplexität - berechnet werden. Dies bedeutet, dass selbst bei Annahme einer nur linear abhängigen Rechenzeit der Zeitaufwand auf unter 10 % im Vergleich zur anderen Modellvariante fällt. Dennoch können mit dieser Variante belastbare Simulationen durchgeführt werden. Die in dem meisten Fällen geforderten Aussagen über einen stationären Endzustand bzw. die Belastung beim Einschalten können mit dem R_0/C_0-Modell getroffen werden. Auch der ungefähre Verlauf zwischen diesen beiden Zuständen wird - wenn auch nicht vollständig korrekt - dargestellt.

Mit Hilfe dieses Modelltyps kann dementsprechend schnell ein Überblick über mehrere Fälle ermöglicht werden und eine Vorauswahl von genauer zu betrachteten Simulationen getroffen werden. Auch um eine schnelle Aussage über die entsprechenden Größenordnungen zu treffen, oder zur Durchführung von Parameterstudien empfiehlt sich diese Variante.

Vorteilhaft bei dieser Variante ist weiterhin, dass die Werte für die elektrischen Elemente nicht zwangsweise durch eine PDC-Messung erfasst werden müssen. Die Gewinnung der entsprechenden Werte kann z.B. auch durch die Messung mit einer Scheringbrücke und einem Widerstandsmessgerät (z.B. Terraohmmeter) erfolgen.

Das Polarisationsmodell ist die Modellvariante, bei welcher ein deutlich größerer Aufwand erforderlich ist, allerdings liefert es auch die genaueren Ergebnisse. Der größere Aufwand wird vor allem durch die höhere Anzahl an elektrischen Elementen pro Simulationselement bedingt. Hierdurch steigt die Rechenleistung bzw. -dauer gegenüber dem R_0/C_0-Modell um mehr als das zehnfache an, selbst wenn man nur eine lineare Abhängigkeit annimmt. Die gestiegene Anzahl an Ersatzteilelementen schließt eine manuelle Eingabe der einzelnen Werte als nicht mehr praktikabel aus. Eine automatische Übergabe der Werte sollte bei Verwendung dieser Variante sichergestellt werden. Die für das Modell nötigen zusätzlichen Zeitkonstanten werden aus langwierigen dielektrischen Messungen durch ein anschließendes Fitting der Messkurven gewonnen. Die Ergebnisse einer Simulation mit dem Polarisationsmodell können allerdings, im Gegensatz zur anderen Modellvariante, eine Aussage über den transienten Verlauf zwischen den beiden stationären Zuständen treffen. Die Genauigkeit dieser Aussage wird durch die Anzahl der durch das Fitting ermittelten Zeitkonstanten beeinflusst. Wie in Kapitel 5.3 zu sehen, sollten als grober Richtwert pro Dekade etwa eineinhalb bis zwei Zeitkonstanten verwendet werden. Je nach Kurvenform kann, bei Unterschreiten dieser Grenze, die Kurve möglicherweise nur unvollständig nachgebildet werden.

Für exakte Auslegungsberechnungen, zur Berechnung des tatsächlichen Einsatzzweckes mit den Gegebenheiten vor Ort oder für wissenschaftliche Zwecke empfiehlt es sich dementsprechend, das Polarisationsmodell anzuwenden. Bei einmaliger Erstellung eines Polarisationsmodells besteht zudem auch der Vorteil, dass das zugehörige R_0/C_0-Modell einfach durch Entfernen der zusätzlichen Zeitkonstanten erstellt werden kann und somit keinen großen Mehraufwand erfordert.

9.4.2 Folgerung zur Temperaturkompensation durch Verschiebung bei RIP

Bei den vorgestellten PDC-Messungen mit RIP konnte festgestellt werden, dass diese über sehr lange Zeiten eine Veränderung des Polarisationsstromes aufweisen und der Endwert sich vor allem bei niedrigeren Temperaturen erst nach langen Messzeiten einstellt. Dies stellt dabei nicht nur die Geduld der die Messung durchführenden Person auf die Probe, sondern kann auch dazu führen, dass der Endwert in einer Messung nicht erfasst werden kann, da die maximale Messdauer für eine Messung überschritten wird oder der Endwert unter der Erfassungsgrenze des Messgerätes liegt. Durch die vorgestellte Methode der Kurvenverschiebung ist es nun möglich zwei Kurven zusammenzuführen und hierdurch eine belastbare Basiskurve zu erhalten. Durch eine Messung bei höherer Temperatur, bei welcher sich der Endwert der Messung schneller einstellt, kann ein relevanter Endwert gewonnen werden. Führt man nun zusätzlich bei niedriger Temperatur eine, auch kürzer mögliche, zweite Messung durch, so können diese Kurven kombiniert werden. Hierzu wird die Kurve bei höherer Temperatur in Richtung der Kurve bei niedrigerer Temperatur verschoben. Die Verschiebung erfolgt dabei durch Division der Zeit durch einen Verschiebungsfaktor und Multiplikation des Messwertes zu diesem Zeitpunkt mit dem identischen Verschiebungsfaktor. Der Verschiebungsfaktor wird dann solange variiert, bis Teile der Verläufe passend übereinanderliegen. Die zusammenhängende Kurve enthält demzufolge die Anfangswerte aus der durchgeführten Messung bei dieser Temperatur, und die Endwerte aus der auf diese Temperatur verschobenen Messung.

Durch diese Methode können Endwerte bzw. Kurvenverläufe erzeugt werden, welche durch Beschränkungen der Messgeräte nicht gemessen werden können. Diese Beschränkungen bestehen vor allem aufgrund der durch die niedrigen Materialtemperaturen hervorgerufenen Messzeiten und geringen Ströme. Die erzeugten Kurven sind somit beinahe unabhängig von der maximaler Messdauer oder der unteren Erfassungsgrenze von Messwerten. Durch geschickte Kombination in logarithmischen Maßstab ist es theoretisch sogar möglich, die Gesamtmesszeiten zu verkürzen, indem bei hoher Temperatur gemessen wird bis der Endwert erreicht ist, und die Niedrigtemperaturmessung nur eine begrenzte Zeit durchgeführt wird, solange bis genügend Werte für eine Verschiebung gefunden sind.

9.5 Ausblick auf weitere mögliche Arbeiten

Die in dieser Arbeit vorgestellte Methode zur Umrechnung von dielektrischen Materialwerten auf andere Temperaturen konnte für das Durchführungsmaterial RIP verifiziert werden. Weitere, unter anderem in Gleichspannungsdurchführungen eingesetzte, hochspannungstaugliche Materialien wie beispielsweise glasfaserverstärkte Kunststoffe (GFK) oder Silikone wurden in dieser Arbeit nicht näher betrachtet und sollten für genauere Auslegungsberechnungen in Betracht gezogen werden, unter anderem im Hinblick auf ihr elektrisches Verhalten bei thermischen Änderungen.

Um für die während des Betriebs auftretenden Zustände relevante Werte aus den Simulationen zu gewinnen, empfiehlt es sich, noch zusätzlich zu den bisher vermessenen trockenen RIP-Proben, weitere Proben mit definiertem Feuchtigkeitszustand zu untersuchen. Hierdurch kann eine Berechnung von, beispielsweise durch Alterungseffekte befeuchteten, Durchführungen vorgenommen und der Einfluss der Feuchte auf die Feldverteilung untersucht werden.

Die sich durch Temperaturgradienten teilweise ergebende gravierende Versteuerung der Potentialaufteilung bedingt eine Berücksichtigung dieses Effektes bei der Auslegungsberechnung von Gleichspannungsdurchführungen und sollte durch Simulationen in diese mit einbezogen werden. Die gewonnenen Erkenntnisse können auch auf andere Betriebsmittel der Energietechnik übertragen werden und sollten in weiteren Arbeiten untersucht werden.

Die in Simulationen durchgeführten Untersuchungen zur Umpolung können durch Messungen an den Prüfkörpern verifiziert und ausgeweitet werden. Für weitere Untersuchungen an den Prüfkörpern empfiehlt es sich allerdings parallel mit mehreren Rotationsvoltmetern zu arbeiten, da hierdurch eine enorme Zeitersparnis erreicht wird. Sichergestellt werden solle auch der Ausschluss des Einflusses von Befeuchtung durch den Zutritt von Luftfeuchtigkeit an den Prüfkörpern. Beispielsweise für Messungen bei

Raumtemperatur könnte dies durch eine Lackierung des Prüfkörpers durchgeführt werden, wobei beachtet werden muss, ob eine Lackierung nicht einen generellen Einfluss auf die Oberflächenströme hat.

Nicht zuletzt stellt die Untersuchung des Einflusses der Vergleichmäßigung der Temperatur unter Zuhilfenahme der Heatpipe-Technologie eine interessante Möglichkeit zur direkten Einflussnahme auf die Temperatur- und somit auf die Leitfähigkeitsverteilung dar. Hierdurch könnten bei Abfuhr der Wärme an Kühlkörper, wie beispielsweise angepasste Schirmtoroide, die Temperaturgradienten innerhalb des Dielektrikums gesenkt, und somit die Feldverteilung darin positiv beeinflusst werden.

9.6 Fazit

In dieser Arbeit wurde erstmals die experimentelle Bestimmung der Potentialverteilung in Inneren eines Durchführungswickels bei Gleichspannung mittels eines Rotationsvoltmeters durchgeführt. Weiterhin wurde in einem beinahe identischen Prüfkörper Wärmeenergie durch eine Leiterheizung erzeugt und die Temperaturverteilung währenddessen erfasst. Durch Übertragung dieser Temperaturprofile auf den Prüfkörper zur elektrischen Messung konnte die thermische Beeinflussung der Potentialverteilung überprüft werden.

Die Theorie der Potentialverschiebung durch thermische Effekte wurde bisher nur durch theoretische Überlegungen und Simulationen gestützt. Durch die in den Messungen festgestellte reale Potentialverschiebung wurde hierdurch erstmals der gekoppelte thermisch-elektrische Ausgleichsvorgang nachgewiesen. Die auf einem hier vorgestellten variablen Modell basierenden Simulationen zur Berechnung von elektrischen Potentialverteilungen zeigen die gleichen Ergebnisse wie die durchgeführten Messungen und konnten hierdurch - im Gegensatz zu anderen bisher nur theoretisch untermauerten Simulationen - erfolgreich validiert werden. Die thermisch-elektrische Potentialverschiebung tritt somit in der Realität auf, und lässt sich unter Zuhilfenahme des entwickelten Netzwerkmodells räumlich und zeitlich weitestgehend richtig simulieren.

Weiterhin konnte gezeigt werden, dass die in [Zink13], S. 66 für OIP und in [Scho16], S. 125 f. für Pressboard gezeigte Verschiebungsmethode für dielektrische Messkurven in abgewandelter Form auch für den Werkstoff RIP angewendet werden kann. Zur Gewinnung von Materialparametern durch dielektrische Messungen für die Simulation wurde ein Umrechnungsverfahren vorgestellt, welches auf den Grundlagen der Arrhenius Gleichung basiert. Mit diesen Verfahren wird es möglich, die Materialparameter bei unterschiedlichen, benötigten Temperaturen zu berechnen. Als Grundlage hierzu werden zwei vollständige Messungen bei definierter Messtemperatur empfohlen. Mit dem vorgestellten Verfahren ist es weiterhin möglich, für das Messgerät aufgrund technischer Grenzen nicht erfassbare Werte zu ermitteln und in Simulationen miteinzubeziehen.

Eine Anwendung kann dieses Verfahren auch erzielen, wenn die Messung bei der gewünschten niederen Temperatur zu lange Ausgleichszeiten hat, um sie vollständig zu erfassen. Durch eine zusätzliche Messung bei höherer Temperatur können die vorhandenen Messwerte so erweitert werden, dass der geforderte Endwert in sehr guter Näherung ermittelt werden kann.

Der bei HGÜ-Anwendungen generell intensiv betrachtete Fall einer Umpolung weist auch im Zusammenhang mit der durch thermische Effekte hervorgerufenen Potentialverschiebung Besonderheiten auf. Durch die unterschiedlich leitfähigen Bereiche kommt es zu einer ungleichmäßigen Verteilung der gespeicherten Ladung im Dielektrikum. Diese ungleichmäßige Ladungsspeicherung führt im Falle einer Umpolung durch den abfließenden Entladestrom im Extremfall dazu, dass sich im Inneren der Durchführung ein überhöhtes Potential einstellt, welches über die eigentlich anliegende Spannung hinausgeht.

Übereinstimmend zeigen die elektrischen Messungen und die durchgeführten Simulationen, dass die bisher nur theoretisch angenommene Potentialverschiebung existent ist und nicht vernachlässigt werden darf. Die gravierende Verschiebung des Potentials in die kühleren Bereiche der Durchführung kann zu einer Überlastung dieser führen welche im Extremfall in einem Ausfall des Bauteils resultiert. Es wird empfohlen die thermischen Gradienten in belasteten Bauteilen möglichst gering zu halten. Für Durchführungen ist beispielsweise zu prüfen, ob ein Einsatz von modifizierten Leiterrohren, welche die Methodik von Heatpipes annehmen könnten, durch eine Abfuhr der Wärme im Inneren für eine Vergleichmäßigung der Temperatur sorgen kann, und somit die Verschiebung des Potentials möglichst zu verkleinern.

Quellenverzeichnis

[BMBF14] A. Küchler, J. Paulus, A. Reumann, A. Dunz, S. Sturm, A. Langens, F. Berger; Hochspannungsdurchführungen in HVDC-Übertragungssystemen für die extremen Bedingungen der Wüste; Schlussbericht zu BMBF 17037X10, Schweinfurt 2014

[CIGR10] S. M. Gubanski, J. Blennow, B. Holmgren, M. Koch, A. Kuechler, R. Kutzner, J. Lapworth, D. Linhjell, S. Tenbohlen, P. Werelius; Dielectric Response Diagnoses for Transformer Windings; CIGRÉ Technical Brochure 414, Paris 2010

[CIGR16] A. Küchler, U. Piovan, M. Berglund, G. Chen, A. Denat, J. Fabian, R. Fritsche, T. Grav, S. Gubanski, M. Kadowaki, Ch. Krause, A. Langens, S. Mori, B. Noirhomme, H. Okubo, M. Rösner, F. Scatiggio, J. Schiessling, F. Schober, P. Smith, P. Wedin, I. Atanasova-Höhlein, Ch. Perrier, S. Jaufer; HVDC Transformer insulation: oil conductivity; CIGRÉ Technical Brochure 646, Paris 2016

[Dunz15-1] A. Dunz, G. Kohnen, U. Janoske, J. Paulus; Analysis and validation of heat and fluid flow related to high-voltage bushings operating in high-voltage direct current transmission systems; Advances in Heat Transfer, Proceedings of the 7th Baltic Heat Transfer Conference Talinn, Estonia, 2015

[Dunz15-2] A. Dunz; Analyse der Stromtragfähigkeit von Hochspannungsgleichstrom-durchführungen mittels thermisch-elektrisch gekoppelter Analysen; Shaker Verlag, 2015

[Easl78] J.K. Easley, W.J. McNutt; Mathematical Modelling - A Basis for Bushing Loading Guides; IEEE Transactions on Power Apparatus and Systems, Vol. PAS-97, No. 6, Nov/Dec 1978

[Elli00] F.E. Elliott & B.E. Lavier, W. Kuehn, A. Kuechler; DC-Voltage Grading in the Valve-Side-Bushing/Insulation Structure of the Celilo Converter Transformers; 2000 NAPS North American Power Symposium, Univ. of Waterloo, Canada, 24.10.2000

[Elli01] F.E. Elliott & B.E. Lavier, W. Kuehn, A. Kuechler; Relationship between temperature distribution and charge flow rate in the valve side bushings of Celilo HVDC converter transformers; 4th Int. HVDC-Conference China, 2001

[Elli99] F. Elliott & B. Lavier, W. Kuehn, A. Kuechler; FEM-Study on converter transformer failures in the Celilo HVDC converter station; IEEE PES winter power meeting, USA, 1999

[Emil09] D. Emilsson; Cooling of High Voltage Devices; WIPO-Patent WO 2009/003813 A1

[Gäng53] B. Gänger; Der elektrische Durchschlag von Gasen; Berlin, Göttingen, Heidelberg Springer, 1953

[Hack87] R. Hackam, H.K. Youssef; Computerized Thermal Analysis of High Voltage Bushings; IEEE Transactions on Power Delivery, Vol. PWRD-2, No. 4, October 1987

[Hack88] R. Hackam, H.K. Youssef, M.M. Abdel Aziz; Steady State Temperature Distribution of High Voltage Bushings - Analysis and Measurements; IEEE Transactions on Power Systems, Vol. 3, No. 1, February 1988

[Heri95] E. Hering R. Martin, M. Stohrer, Physikalisch-Technisches Taschenbuch, 2. Auflage, Düsseldorf, VDI Verlag, 1995

[Hesa08] M. R. Hesamzadeh, N. Hosseinzadeh, P. Wolfs; An Advanced Optimal Approach for High Voltage AC Bushing Design; IEEE Transactions on Dielectrics and Electrical Insulation, Vol. 15 No. 2, 2008

[Holt09] J.P. Holtzhausen; An electro-thermodynamic Model for the Analysis of the Pollution Flashover Performance of practical Insulators; 16th ISH International Symposium on High Voltage Engineering, Cape Town, 2009

[Houh98] V. Der Houhanessian; Measurement and Analysis of Dielectric Response in Oil-paper Insulation Systems; Ph.D. dissertation, ETH No. 12832, Zurich, 1998

[IEC02] DIN EN 60052; Spannungsmessungen mit Standard-Luftfunkenstrecken; VDE Verlag Berlin 2002

[IEC04] DIN EN 60247; Isolierflüssigkeiten - Messung der Permittivitätszahl, des dielektrischen Verlustfaktors (tan δ) und des spezifischen Gleichstrom-Widerstandes; VDE Verlag Berlin 2004

[IEC08] DIN EN 60137; Isolierte Durchführungen für Wechselspannungen über 1000 V; VDE Verlag Berlin, 2008

[IEC16] IEC 62631-3-3; Dielectric and resistive properties of solid insulating materials - Part 3-3: Determination of resistive properties (DC Methods) - Insulation resistance; International electrotechnical commission, 2016

[IEC64] IEC 60167; Methods of test for the determination of the insulation resistance of solid insulating materials; International electrotechnical commission, 1964

[IEC80] IEC 60093; Methods of test for volume resistivity and surface resistivity of solid electrical insulating materials; International electrotechnical commission, 1980

[IEC98] DIN EN 61620; Isolierflüssigkeiten - Bestimmung des Permittivitäts-Verlustfaktors durch Messung der Konduktanz und Kapazität - Prüfverfahren; VDE Verlag Berlin, 1998

[Jons09] L. Jonsson, R. Johannsson; Hochspannungsdurchführungen; ABB-Technik, 3/2009

[KFW17] Projektinformation „Ouarzazate - Marokko“; KfW Entwicklungsbank, Frankfurt 2017

[Klei01] Datenblatt Elektrofeldmeter EFM 231; Kleinwächter GmbH, Hausen 2001

[Krau12] C. Krause; Isolierstoffe aus Zellulose für die elektrische Isolierung von Leistungstransformatoren; e&i Elektrotechnik und Informationstechnik, 129/5, Springer Verlag, Wien 2012

[Krum07] R. Krump, P. Haberecht, J. Titze, A. Küchler, M. Liebschner; Bushings for Highest Voltages - Development, Testing, Diagnostics and Monitoring; Highvolt-Kolloquium, Dresden 2007

[Küch03] Kuechler, F. Huellmandel, J. Hoppe, D. Jahnel, C. Krause, U. Piovan, N. Koch; Impact of Dielectric Material Responses on the Performance of HVDC Power Transformer Insulations; International Symposium on High Voltage Engineering, Delft, 2003

[Küch05] A. Küchler, F. Hüllmandel, K. Böhm, N. Koch, P. Brupbacher, C. Krause; Das dielektrische Verhalten von Öl-Papier-Isolationen unter der Wirkung von Grenzflächen-, Material- und Prüfparametern; ETG-Fachtagung Grenzflächen in elektrischen Isoliersystemen, Hanau, 2005

[Küch06] A. Küchler, F. Hüllmandel, K. Böhm, C. Krause, B. Heinrich; Dielektrische Eigenschaften von Öl-Board- und Öl-Papier-Isolierungen als Kenngrößen für die Diagnose von Transformatoren und Durchführungen; ETG-Fachtagung Diagnostik elektrischer Betriebsmittel, Kassel, 2006

[Küch10-1] A. Küchler, R. Bärsch; Beanspruchung und elektrisches Verhalten von Isoliersystemen bei Gleichspannung; ETG-Fachtagung Isoliersysteme bei Gleich- und Mischfeldbeanspruchung, Köln, 2010

[Küch10-2] A. Küchler, M. Liebschner, A. Reumann, Ch. Krause, U. Piovan, B. Heinrich, R. Fritsche, J. Hoppe, A. Langens, J. Titze; Evaluation of conductivities and dielectric properties for highly stressed HVDC insulating materials; CIGRÉ Session, Paris, 2010

[Küch10-3] A. Küchler, M. Liebschner, A. Reumann, R. Fritsche, M. Rösner, M. Schenk, B. Heinrich, Ch. Krause, A. Langens, J. Titze; Bestimmung von Leitfähigkeiten und dielektrischen Eigenschaften hoch beanspruchter HGÜ-Isolierwerkstoffe, ETG-Fachtagung Isoliersysteme bei Gleich- und Mischfeldbeanspruchung, Köln, 2010

[Küch11] V. Hinrichsen, A. Küchler; Grundlagen der Feldsteuerung - Übersichtsvortrag; Workshop Feldsteuernde Isoliersysteme, Darmstadt, 2011

[Küch17] A. Küchler; Hochspannungstechnik: Grundlagen - Technologie - Anwendungen; Springer Vieweg Verlag, 2017

[KWen93] K.C. Wen, Y.B. Zhou, J. Fu, T. Jin; A Calculation Method and Some Features of Transient Field Under Polarity Reversal Voltage in HVDC Insulation; IEEE Transactions on Power Delivery, Vol. 8, No. 1, January 1993

[Leib05] T. Leibfried, M. Stach; Dielektrische Analyseverfahren: Algorithmen zur Überführung der Ergebnisse eines Verfahrens in andere Verfahren; ETG-Fachtagung Grenzflächen in elektrischen Isoliersystemen, Hanau, 2005

[Liao12] R. Liao, J. Hao, G. Chen, L. Yang; Quantitative analysis of ageing condition of oil-paper-insulation by frequency domain spectroscopy; IEEE Transactions on Dielectrics and Electrical Insulation, Volume19, No. 3, 2012

[Lieb09] M. Liebschner; Interaktion von Ölspalten und fester Isolation in HVDC-Barrierensystemen; Fortschritts-Berichte VDI, 21/390, VDI Verlag, Düsseldorf, 2009

[Lind94] A. Lindroth; The Relationship between Test and Service Stresses as a Function of Resitstivity Ratio for HVDC Converter Transformers and Smoothing Reactors; Électra No. 157, December 1994

[Lips00] H.P. Lips; Voltage Stresses and Test Requirements on Equipment of HVDC Converter Stations and Transmission Cables; CIGRE-Session, Paris, 2000

[Mazz13] G. Mazzanti, M. Marzinotto; Extruded Cables for High-Voltage Direct-Current Transmission: Advances in Research and Development; Wiley-IEEE Press, 2013

[Noti01] N. Notingher, S. Agnel, A. Toureille; Thermal Step Method for Space Charge Measurements under Applied dc Field; IEEE Transactions on Dielectrics and Electrical Insulation, Vol. 8 No. 6, December 2001

[Okub03] N. Inoue, M. Wakamatsu, K. Kato, H. Koide, H. Okubo; Charge Accumulation Mechanism in Oil / Pressboard Composite Insulation System Based on Optical Measurement of Electric Field; IEEE Transactions on Dielectrics and Electrical Insulation, Vol. 10 No. 3, June 2003

[Reum09-1] A. Reumann, K. Böhm, A. Küchler, A. Langens, J. Titze; Ageing of OIP Bushing Insulation at very High Temperatures; 16th ISH International Symposium on High Voltage Engineering, Cape Town, 2009

[Reum09-2] A. Reumann, M. Liebschner, A. Küchler, A. Langens, J. Titze; Online Monitoring of Capacitance and Dissipation Factor of HV Bushings; 16th ISH Int. International Symposium on High Voltage Engineering, Cape Town, 2009

[RLiu94] R. Liu, G. Wahlström; Measurements of the DC Electric Field in Liquid Impregnated Pressboard Using the Pressure Wave Propagation Technique; Conf. Rec. of the 1994 IEEE International Symposium on Electrical Insulation, Pittsburgh, June 1994

[SaWi18] Sahara Wind-HVDC link presented at CIGRE 2018; https://www.saharawind.com/en/latest-news/111-home-page/514-sahara-wind-hvdc-project-at-cigre2018; Aufgerufen am 28.09.2018

[Schn10] T. Schnitzler, A. Langens, J. Titze, E. Engels; Kondensatorgesteuerte Hochspannungsdurchführungen für den Einsatz in Gleichspannungssystemen (HGÜ); ETG-Fachtagung Isoliersysteme bei Gleich- und Mischfeldbeanspruchung, Köln, 2010

[Scho16] F. Schober; Elektrische Leitfähigkeit und dielektrisches Verhalten von Pressspan in HGÜ-Isoliersystemen; Dissertation - Ilmenauer Beiträge zur elektrischen Energiesystem-, Geräte- und Anlagentechnik, Band 16, Ilmenau, 2016

[Schw09] A. J. Schwab; Elektroenergiesysteme - Erzeugung, Transport, Übertragung und Verteilung elektrischer Energie; Springer Verlag, New York, 2009

[Schw81] A. J. Schwab; Hochspannungsmesstechnik - Messgeräte und Messverfahren, 2. Auflage 1981; Springer Verlag, New York, 2011

[Seyb03] A. Seybold; Simulation von Übergangsvorgängen an Durchführungsisolationssystemen; Diplomarbeit FHWS Schweinfurt, 2003

[Sone09] B. Sonerud, T. Bengtsson, J. Blennow & S. M. Gubanski; High Voltages with high Harmonic Content: The Influence on Dielectric Heating; 16th ISH International Symposium on High Voltage Engineering, Cape Town, 2009

[Yama09] N. Yamagata, K. Miyagi & E. Oe; Ageing Effects on Mixture of thermally Upgraded Paper and Kraft Paper in Mineral Oil; 16th ISH International Symposium on High Voltage Engineering, Cape Town, 2009

[Zaen86] M. Bayer, W. Boeck, K. Möller, W. Zaengl; Hochspannungstechnik - Theoretische und praktische Grundlagen; Springer Verlag, Berlin, Heidelberg, 1986

[Zeng00] D. Zeng; An Experimental Thermal Siphon Bushing; IEEE Transactions on Power Delivery, Vol. 15, No. 1, January 2000

[Zeng99] D. Zeng; An improved Method for estimating Temperature Rise of a Bushing loaded above Nameplate Rating; IEEE Transactions on Power Delivery, Vol. 14, No. 3, July 1999

[Zhan09] S. Zhang; Evaluation of Thermal Transient and Overload Capability of High-Voltage Bushings With ATP; IEEE Transactions on Power Delivery, Vol. 24, No. 3, July 2009

[Zink13] M. H. Zink; Zustandsbewertung betriebsgealterter Hochspannungstransformatordurchführungen mit Öl-Papier-Dielektrikum mittels dielektrischer Diagnose; Dissertation Technische Universität Ilmenau, Universitätsverlag Ilmenau, 2013

[Zink14] - M.H. Zink, A. Küchler, S. Roth, C. Wahler; Einfluss der Messdauer auf das Ergebnis dielektrischer Diagnosemessungen im Zeitbereich; ETG-Fachtagung Diagnostik elektrischer Betriebsmittel, Berlin, 2014

Anhang A - Aktivierungsenergie

In diesem Abschnitt werden zusätzlich zu der in Abschnitt 5.2 vorgestellten Methode zur Ermittlung der Temperaturkompensation zwei weitere Methoden vorgestellt, welche bei Vorliegen von weiteren Messdatensätzen auch zur Ermittlung der Aktivierungsenergie verwendet werden können. Bei den vorliegenden Messdaten haben diese Methoden allerdings nicht zu einem zufriedenstellenden Ergebnis geführt. Im ersten Unterabschnitt wird zur Gewinnung der Aktivierungsenergie ein Vergleich der Leitfähigkeitswerte nach 100.000 Sekunden bei verschieden Messtemperaturen herangezogen. Im zweiten Unterabschnitt wird versucht unter Anwendung der Ladungsdifferenz-Methode einen Endwert der Leitfähigkeit zu schätzen und mittels diesem erneut die Aktivierungsenergie zu berechnen. Im dritten Unterkapitel werden die mittels dielektrischer Messungen gewonnenen Werte der für die Simulation notwendigen *RC*-Elemente gezeigt. Ergänzend dazu werden auch die durch Temperaturumrechnung ermittelten Werte dieser Elemente bei weiteren Temperaturen, welche zur Nachbildung der Polarisationsstromkurven verwendet wurden aufgelistet. Der vierte Abschnitt zeigt die empirische Bestimmung des Verschiebungsfaktors welcher zur Berechnung der Aktivierungsenergie verwendet werden kann.

A.1 Bestimmung der Aktivierungsenergie mittels Arrhenius

Die Ermittlung der materialspezifischen Aktivierungsenergie kann durch gleichsetzen und ziehen des natürlichen Logarithmus von zwei - bis auf die Prüftemperatur - identischen Messungen erfolgen, Gleichung (A-1).

$$w = \mathrm{k} \cdot \ln\left(\frac{\kappa(T_1)}{\kappa(T_2)}\right) \cdot \frac{1}{\frac{1}{T_1} - \frac{1}{T_2}} \qquad \text{(A-1)}$$

Anhand der Messungen aus Bild 5-6 kann durch die nach 100.000 Sekunden gemessene Leitfähigkeit bzw. den entsprechenden Isolationswiderstand R_∞, Tabelle A-1, theoretisch die Aktivierungsenergie berechnet werden.

Tabelle A-1: Isolationswiderstand nach 100.000 Sekunden bei unterschiedlichen Temperaturen.

Temperatur / °C	R_∞ / Ω
20	$1{,}63 \cdot 10^{15}$
50	$1{,}60 \cdot 10^{14}$
90	$2{,}57 \cdot 10^{12}$

Mit den Werten aus obiger Tabelle ergeben sich allerdings durch Vergleich bei den drei angegebenen Messtemperaturen unterschiedliche Aktivierungsenergien, siehe hierzu Tabelle A-2.

Tabelle A-2: Aktivierungsenergien durch die Isolationswiderstande bei 100.000 Sekunden bestimmt.

Vergleichstemperaturen	w / eV
20 und 50	$1{,}01 \cdot 10^{-19}$
20 und 90	$1{,}36 \cdot 10^{-19}$
50 und 90	$1{,}67 \cdot 10^{-19}$

Dieses Ergebnis widerspricht allerdings der Annahme, dass die Aktivierungsenergie im betrachteten Temperaturbereich konstant ist.

Da der arithmetische Mittelwert aus den drei Aktivierungsenergien mit $1{,}35 \cdot 10^{-19}$ eV in etwa dem Wert bei der höchsten Temperaturdifferenz entspricht, soll dennoch zur Verifikation versucht werden, die Materialmessungen der Kurven auf die jeweils anderen Messtemperaturen umzurechnen und zu vergleichen. In Bild A-1 sind die drei Messkurven bei 20, 50 und 90 °C jeweils als eine Linie dargestellt. Die Umrechnungen der für die Messung bei 90 °C ermittelten *RC*-Ersatzelemente auf die jeweils niedrigeren Temperaturen sind als gestrichelte Kurve ausgeführt. Grundsätzlich ist bei allen Umrechnungen zu beachten, dass bei Umrechnung von einer höheren auf eine niedrigere Temperatur die Bereiche mit niedrigen Zeitkonstanten nicht verwendet werden können, da die Kapazitäten nicht umgerechnet werden und sich somit eine Verschiebung der Zeiten ergibt.

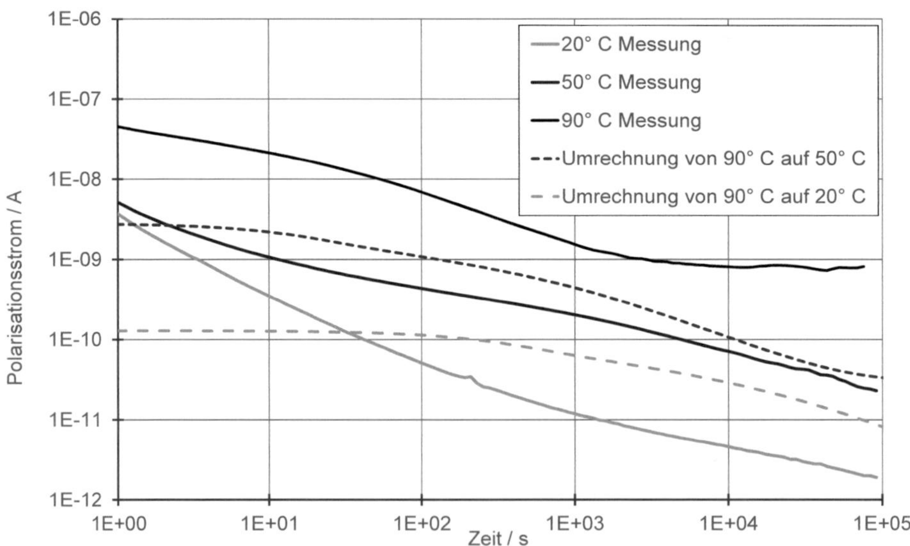

Bild A-1: Polarisationsströme der Materialmessungen (durchgezogen) und die durch den Mittelwert der Aktivierungsenergien aus Tabelle A-2 errechneten Umrechnungen von 90 °C auf die anderen Messtemperaturen (gestrichelt).

Wie erwartet - und auch gut in der Grafik zu sehen - bilden die Umrechnungen auf die anderen Messtemperaturen die tatsächlich durchgeführten Messungen nur unzureichend nach. Um gute Ergebnisse in den damit verbundenen Simulationen zu erzielen, ist es allerdings nötig, die Messungen deutlich genauer umrechnen zu können. Aufgrund der sonst guten Ergebnisse dieser Methode in den oben vorgestellten Arbeiten müssen mögliche Fehlerquellen ausgeschlossen werden. Da die zur Umrechnung verwendete Aktivierungsenergie mit Hilfe des Endwertes des Widerstandes nach 100.000 Sekunden berechnet wurde, liegt es nahe, die Fehlerquelle dort zu suchen.

Bei erneuter Betrachtung der Messkurven in Bild 5-6 erkennt man, dass die dargestellten Polarisationsströme i_p nur bei der Messtemperatur von 90 °C nicht mehr fallen. Als logische Schlussfolgerung ergibt sich, dass die Messungen bei den niedrigeren Temperaturen auch nach der langen Zeitdauer von 100.000 Sekunden noch nicht ihren Endwert erreicht haben. Im dargestellten logarithmischen Maßstab der Grafik lässt sich erahnen, dass eine Verlängerung der Messdauer auf die beim Messgerät maximal einstellbare Messdauer von 200.000 Sekunden keinen nennenswerten weiteren Informationsgewinn hervorrufen würde.

A.2 Endwertbestimmung mittels CDM

Der im vorangegangenen Kapitel vorgestellte Versuch, die Messungen auf andere Temperaturen umzurechnen, hat aufgrund der nicht erreichen Endwerte des elektrischen Widerstands nicht zu einem zufriedenstellenden Ergebnis geführt. Die Aktivierungsenergie konnte aufgrund der fehlenden Endwerte nicht bestimmt werden.

Da die Endwerte aufgrund der oben genannten Eigenschaften des PDC-Analysers nicht bei einer Messung bestimmt werden können, wird es nötig eine Abschätzung der Endwerte vorzunehmen. Nach Küchler [Küch05] sowie [Küch17], S. 280, können die Endwerte des Polarisationsstromes bei PDC-Messungen (und damit der Endwert des Isolationswiderstandes) geschätzt werden, indem der Polarisations- (i_p) und der Depolarisationsstrom (i_d) um die Ladezeit gegeneinander verschoben addiert werden. Allerdings ergeben sich hierbei oftmals durch die relativ großen Ströme nur kleine Differenzen, daher unterliegt das Ergebnis teilweise großen Schwankungen, siehe auch Bild A-2.

Weiterhin wird bei [Küch05] die Ladungsdifferenzmethode (CDM - charge difference method) vorgestellt. Diese Methode ist vorteilhaft bei diagnostischen Messungen für die nicht beliebig lange Zeiten zur Verfügung stehen, sowie bei überlagerten Störungen die durch die Integration herausgemittelt werden. Dabei ergeben sich durch die Integration der gemessenen Ströme die jeweiligen Ladungen.

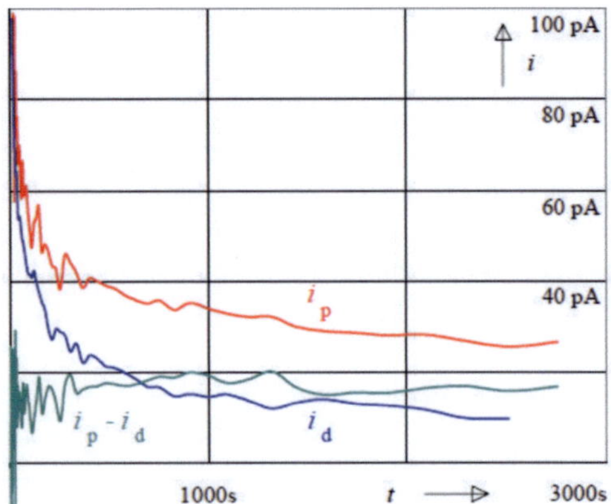

Bild A-2: Stromdifferenzverfahren nach [Küch05].

Die Integration des Polarisationsstromes i_p aus Gleichung (2-4) ergibt die bei der Polarisation geflossene Gesamtladung q_p, (A-2):

$$q_p(t) = \frac{U}{R_\infty} \cdot t + U \cdot \sum_i C_i \cdot (1 - e^{-\frac{t}{R_i C_i}}) \tag{A-2}$$

Analog dazu ermittelt sich die beim Depolarisieren frei werdende Ladung q_d durch Integrieren des Depolarisationsstromes i_d nach Gleichung (A-3).

$$q_d(t) = U \cdot \sum_i C_i \cdot (1 - e^{-\frac{t}{R_i C_i}}) \cdot (1 - e^{-\frac{t}{R_i C_i}}) \tag{A-3}$$

Diese strebt gegen den Wert der zuvor gespeicherten Ladung.

Die Differenz dieser Ladungen ist die nicht gespeicherte Ladung welche als Leitungsstrom über den Isolationswiderstand abgeflossen ist, (A-4).

$$q_p(t) - q_d(t + t_p) = \frac{U}{R_\infty} \cdot t + U \cdot \sum_i C_i \cdot (1 - e^{-\frac{t}{R_i C_i}}) \cdot (1 - e^{-\frac{t}{R_i C_i}}) \tag{A-4}$$

Aus der Steigung der durch diese Differenz gebildeten Geraden kann - deutlich vor dem Stromdifferenzverfahren - ein guter Schätzwert des Leitfähigkeitsendwertes abgeleitet werden, siehe Bild A-3 [Küch05]. Die Genauigkeit des Verfahrens kann durch eine, im Vergleich zur Polarisation, deutlich längere Depolarisationsphase noch erhöht werden [Zink14].

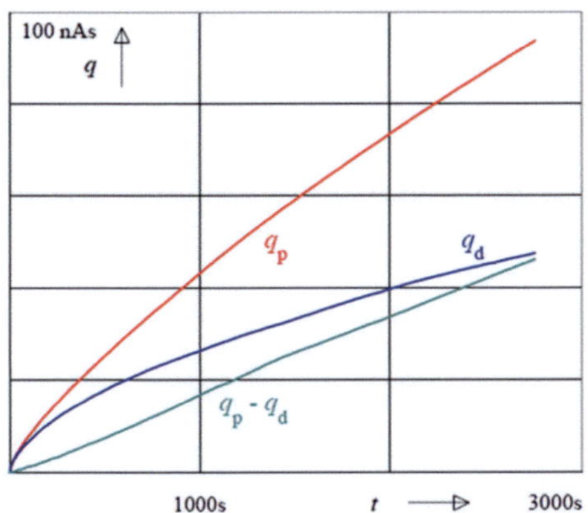

Bild A-3: Ladungsdifferenzverfahren nach [Küch05].

Um mit diesem Verfahren die zur Abschätzung der Aktivierungsenergie notwendigen Endwerte des Isolationswiderstandes zu erhalten, wird die Ladungsdifferenz bei zwei Zeitpunkten gegen Ende der Messung, wie in (A-5) dargelegt, verwendet.

$$R_\infty = (t_2 - t_1) \cdot \frac{U}{\Delta q(t_2) - \Delta q(t_1)} \qquad \text{(A-5)}$$

Für die Messungen nach Bild 5-6 sind die Werte des Isolationswiderstands Tabelle A-3 zu entnehmen.

Tabelle A-3: Durch Ladungsdifferenzmethode ermittelte Isolationswiderstände bei unterschiedlicher Temperatur.

Temperatur / °C	R_∞ / Ω
20	$1{,}90 \cdot 10^{15}$
50	$1{,}02 \cdot 10^{14}$
90	$2{,}54 \cdot 10^{12}$

Trotz der erfahrungsgemäß guten Abschätzung dieser Endwerte ergeben sich durch den Vergleich bei den drei angegebenen Messtemperaturen noch immer unterschiedliche Aktivierungsenergien, wenngleich die Schwankungen sich hier nun geringer darstellen, siehe Tabelle A-4.

Tabelle A-4: Aktivierungsenergien durch die Isolationswiderstände nach Tabelle A-3 bestimmt.

Vergleichstemperaturen	w / eV
20 und 50	$1{,}28 \cdot 10^{-19}$
20 und 90	$1{,}39 \cdot 10^{-19}$
50 und 90	$1{,}49 \cdot 10^{-19}$

Der arithmetische Mittelwert liegt bei $1{,}39 \cdot 10^{-19}$ eV, was dem Wert der bei den Temperaturen von 20 und 90 °C gebildeten Aktivierungsenergie entspricht. Trotz der geringen Abweichung zu der im vorherigen Abschnitt ermittelten Aktivierungsenergie, soll auch hier versucht werden, eine Umrechnung auf die jeweils anderen Messtemperaturen durchzuführen. In Bild A-4 sind die Messkurven, analog zu Bild A-1, durchgezogen, und die Umrechnungen werden gestrichelt dargestellt. Durch die nur geringe Abweichung der Aktivierungsenergien vom vorherigen Versuch ist das Ergebnis nahezu identisch. Die Umrechnung einer Messkurve auf die bei den anderen Temperaturen erfassten liefert auch hier kein zufriedenstellendes Ergebnis.

Eine erneute Betrachtung der in Tabelle A-2 und Tabelle A-4 vorgestellten Aktivierungsenergien zeigt in beiden Fällen eine stetig ansteigende Tendenz mit der Temperatur. Durch diese auffällige Tatsache wirft sich die Frage auf, ob die Aktivierungsenergie bei RIP im betrachteten Temperaturbereich von 20 bis 90 °C möglicherweise bereits eine gewisse Temperaturabhängigkeit aufweist - entgegen der bisherigen Annahme einer materialspezifischen Konstante über den relevanten Temperaturbereich.

Nach [Küch17], S. 276 verändert das in RIP Durchführungen verwendete duroplastische Epoxidharz seine stofflichen Eigenschaften oberhalb einer Glasumwandlungstemperatur T_g. Hierbei verliert das Material erheblich an Festigkeit, ohne jedoch zu schmelzen. Es kann dann durch Umwandlung des Stoffgefüges zu einer Änderung der dielektrischen Eigenschaften führen, welche sich in einem nichtlinearen Verhalten des Materials zeigen. Durch die Erweichung werden nach Küchler auch polare Molekülgruppen leichter beweglich und ε_r steigt deutlich an. Je nach Epoxidharz liegt T_g oberhalb von etwa 100 °C, schon bei Temperaturerhöhungen von 20 °C auf 80 °C ergeben sich allerdings Anstiege der Dielektrizitätszahl von bis zu 20 % [Küch17], S. 276.

Aufgrund dieser Gegebenheiten wird die Überlegung, dass die Aktivierungsenergie im betrachteten Temperaturbereich möglicherweise eine Nichtlinearität aufweist aufgeworfen. Die o.g. Tabellen legen dabei eine ansteigende Aktivierungsenergie mit der Temperatur nahe. Wie oben geschildert, erweicht sich das Material bei einer Temperaturerhöhung in Richtung der Glasumwandlungstemperatur. Hierdurch werden die Molekülgruppen dementsprechend leichter beweglich. Durch die erhöhte Beweglichkeit müsste allerdings die zu einer Reaktion benötigte Energie, also die Aktivierungsenergie, sinken, da die Polarisationsvorgänge leichter abgeschlossen werden. Da im Fall von RIP die Aktivierungsenergie aber anscheinend mit der Temperatur ansteigt, widerspricht dies der geschilderten theoretischen Überlegung. Weiterhin muss auch bei für RIP zugelassenen Temperaturen von 120 °C die mechanische Stabilität erhalten bleiben. Damit kann ausgeschlossen werden, dass für das verwendete RIP-Material die Glasumwandlungstemperatur unter dieser zugelassenen Betriebstemperatur liegt. Somit bleibt die Annahme einer - im betrachteten Temperaturbereich - konstanten materialspezifischen Konstante bestehen.

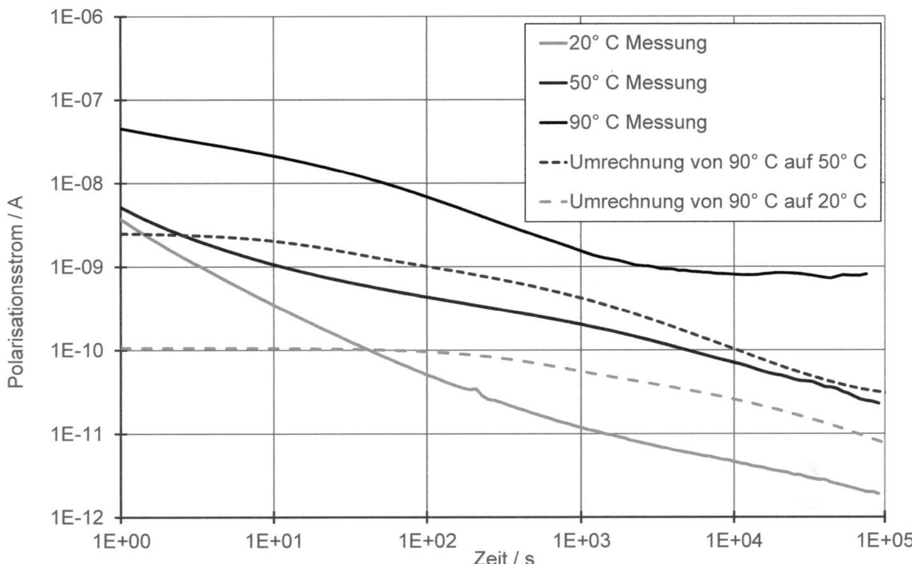

Bild A-4: Polarisationsströme der Materialmessungen (durchgezogen) und die durch den Mittelwert der Aktivierungsenergien aus Tabelle A-4 errechneten Umrechnungen von 90 °C auf die anderen Messtemperaturen (gestrichelt).

Anscheinend konnte also auch die Schätzung des Endwertes des Isolationswiderstandes mit dem Ladungsdifferenzenverfahren nicht den realen Endwert bestimmen. Um die für RIP zutreffende Aktivierungsenergie zu finden sind weitere Schritte notwendig.

A.3 Temperaturumrechnung von *RC*-Polarisationsersatzschaltbildern

Die mittels dielektrischer Messungen gewonnenen Werte der *RC*-Elemente werden in diesem Abschnitt aufgelistet. Zusätzlich werden die durch Temperaturumrechnung ermittelten Werte dieser Elemente dargestellt. Mithilfe dieser Ersatzschaltbilddaten können die gezeigten Polarisationsstromkurven in Kapitel 5.3 gebildet werden.

Aus den gemessenen Werten der 90 °C Messung können durch ein Kurvenfitting Ersatzschaltbilddaten des Polarisationsvorganges sowie die jeweils zugehörigen Umrechnungskoeffizienten R_x nach Arrhenius ermittelt werden. Diese sind in sind in Tabelle A-5 dargestellt.

Tabelle A-5: Ersatzschaltbilddaten und Umrechnungskoeffizienten der 90 °C Messung zur Umrechnung auf andere Temperaturen.

i	C_i / F	R_i / Ω	$R_{x,i}$ / Ω
1	$8{,}54\cdot10^{-12}$	$6{,}58\cdot10^{10}$	$4{,}58\cdot10^{-6}$
2	$1{,}11\cdot10^{-11}$	$1{,}60\cdot10^{11}$	$1{,}11\cdot10^{-5}$
3	$2{,}94\cdot10^{-11}$	$1{,}91\cdot10^{11}$	$1{,}33\cdot10^{-5}$
4	$8{,}29\cdot10^{-11}$	$2{,}15\cdot10^{11}$	$1{,}49\cdot10^{-5}$
5	$2{,}33\cdot10^{-10}$	$2{,}42\cdot10^{11}$	$1{,}68\cdot10^{-5}$
6	$3{,}66\cdot10^{-10}$	$4{,}86\cdot10^{11}$	$3{,}38\cdot10^{-5}$
7	$5{,}68\cdot10^{-10}$	$9{,}89\cdot10^{11}$	$6{,}88\cdot10^{-5}$
8	$5{,}08\cdot10^{-10}$	$3{,}50\cdot10^{12}$	$2{,}44\cdot10^{-4}$
9	$9{,}32\cdot10^{-11}$	$6{,}03\cdot10^{13}$	$4{,}20\cdot10^{-3}$
10	$6{,}10\cdot10^{-10}$	$2{,}92\cdot10^{13}$	$2{,}03\cdot10^{-3}$
R_0 / Ω		$2{,}57\cdot10^{12}$	

Mit den für die Umrechnung bestimmten Werten des Umrechnungskoeffizienten R_x und der bekannten Aktivierungsenergie w können nun die Ersatzelemente bei anderen Temperaturen gemäß Gleichung (5-10) berechnet werden. Für die beiden weiteren Messtemperaturen von 20 °C bzw. 50 °C ergeben sich durch die Umrechnung somit die in Tabelle A-6 bzw. Tabelle A-7 angegebenen Ersatzelemente.

Tabelle A-6: Ersatzschaltbilddaten bei 20 °C bestimmt durch Umrechnung der in Tabelle A-5 dargestellten Werte der 90 °C Messung.

i	C_i / F	R_i / Ω
1	$8{,}54\cdot10^{-12}$	$4{,}75\cdot10^{14}$
2	$1{,}11\cdot10^{-11}$	$1{,}16\cdot10^{15}$
3	$2{,}94\cdot10^{-11}$	$1{,}38\cdot10^{15}$
4	$8{,}29\cdot10^{-11}$	$1{,}55\cdot10^{15}$
5	$2{,}33\cdot10^{-10}$	$1{,}74\cdot10^{15}$
6	$3{,}66\cdot10^{-10}$	$3{,}51\cdot10^{15}$
7	$5{,}68\cdot10^{-10}$	$7{,}14\cdot10^{15}$
8	$5{,}08\cdot10^{-10}$	$2{,}53\cdot10^{16}$
9	$9{,}32\cdot10^{-11}$	$4{,}35\cdot10^{17}$
10	$6{,}10\cdot10^{-10}$	$2{,}10\cdot10^{17}$
R_0 / Ω	$1{,}85\cdot10^{16}$	

Tabelle A-7: Ersatzschaltbilddaten bei 50 °C bestimmt durch Umrechnung der in Tabelle A-5 dargestellten Werte der 90 °C Messung.

i	C_i / F	R_i / Ω
1	$8{,}54 \cdot 10^{-12}$	$6{,}58 \cdot 10^{12}$
2	$1{,}11 \cdot 10^{-11}$	$1{,}60 \cdot 10^{13}$
3	$2{,}94 \cdot 10^{-11}$	$1{,}91 \cdot 10^{13}$
4	$8{,}29 \cdot 10^{-11}$	$2{,}15 \cdot 10^{13}$
5	$2{,}33 \cdot 10^{-10}$	$2{,}42 \cdot 10^{13}$
6	$3{,}66 \cdot 10^{-10}$	$4{,}86 \cdot 10^{13}$
7	$5{,}68 \cdot 10^{-10}$	$9{,}89 \cdot 10^{13}$
8	$5{,}08 \cdot 10^{-10}$	$3{,}50 \cdot 10^{14}$
9	$9{,}32 \cdot 10^{-11}$	$6{,}03 \cdot 10^{15}$
10	$6{,}10 \cdot 10^{-10}$	$2{,}92 \cdot 10^{15}$
R_0 / Ω	$2{,}57 \cdot 10^{14}$	

Die durch das Kurvenfitting erhaltenen Ersatzelemente in Form von *RC*-Gliedern für die verlängerte 50 °C Kurve sind in Tabelle A-8 ersichtlich. Durch das erneute Fitting wurden auch die Werte der Kapazitäten neu ermittelt, diese neuen Werte bleiben für Umrechnungen auf andere Temperaturen konstant.

Bei Verwendung der ermittelten *RC*-Glieder bei 50 °C ergeben sich für die Temperaturen 20 und 90 °C nun ebenfalls neue *RC*-Ersatzelemente. Die Daten der Ersatzelemente sind ebenfalls in Tabelle A-9 und Tabelle A-10 aufgelistet.

Tabelle A-8: Durch Kurvenfitting der verlängerten 50 °C Kurve gewonnene Ersatzschaltbilddaten.

i	C_i / F	R_i / Ω
1	$1{,}82 \cdot 10^{-12}$	$9{,}75 \cdot 10^{11}$
2	$3{,}38 \cdot 10^{-12}$	$1{,}66 \cdot 10^{12}$
3	$2{,}71 \cdot 10^{-12}$	$6{,}55 \cdot 10^{12}$
4	$8{,}11 \cdot 10^{-12}$	$6{,}94 \cdot 10^{12}$
5	$8{,}29 \cdot 10^{-12}$	$2{,}14 \cdot 10^{13}$
6	$3{,}58 \cdot 10^{-11}$	$1{,}57 \cdot 10^{13}$
7	$7{,}33 \cdot 10^{-11}$	$2{,}43 \cdot 10^{13}$
8	$1{,}91 \cdot 10^{-10}$	$2{,}95 \cdot 10^{13}$
9	$4{,}23 \cdot 10^{-10}$	$4{,}21 \cdot 10^{13}$
10	$4{,}98 \cdot 10^{-10}$	$1{,}13 \cdot 10^{14}$
R_0 / Ω	$2{,}57 \cdot 10^{14}$	

Tabelle A-9: Durch Umrechnung von Tabelle A-8 ermittelte Ersatzschaltbilddaten bei 20 °C.

i	C_i **/ F**	R_i **/ Ω**
1	$1{,}82\cdot10^{-12}$	$7{,}04\cdot10^{13}$
2	$3{,}38\cdot10^{-12}$	$1{,}20\cdot10^{14}$
3	$2{,}71\cdot10^{-12}$	$4{,}73\cdot10^{14}$
4	$8{,}11\cdot10^{-12}$	$5{,}00\cdot10^{14}$
5	$8{,}29\cdot10^{-12}$	$1{,}55\cdot10^{15}$
6	$3{,}58\cdot10^{-11}$	$1{,}13\cdot10^{15}$
7	$7{,}33\cdot10^{-11}$	$1{,}75\cdot10^{15}$
8	$1{,}91\cdot10^{-10}$	$2{,}13\cdot10^{15}$
9	$4{,}23\cdot10^{-10}$	$3{,}03\cdot10^{15}$
10	$4{,}98\cdot10^{-10}$	$8{,}14\cdot10^{15}$
R_0 / Ω	$1{,}85\cdot10^{16}$	

Tabelle A-10: Durch Umrechnung von Tabelle A-8 ermittelte Ersatzschaltbilddaten bei 90 °C.

i	C_i **/ F**	R_i **/ Ω**
1	$1{,}82\cdot10^{-12}$	$9{,}75\cdot10^{9}$
2	$3{,}38\cdot10^{-12}$	$1{,}66\cdot10^{10}$
3	$2{,}71\cdot10^{-12}$	$6{,}55\cdot10^{10}$
4	$8{,}11\cdot10^{-12}$	$6{,}94\cdot10^{10}$
5	$8{,}29\cdot10^{-12}$	$2{,}14\cdot10^{11}$
6	$3{,}58\cdot10^{-11}$	$1{,}57\cdot10^{11}$
7	$7{,}33\cdot10^{-11}$	$2{,}43\cdot10^{11}$
8	$1{,}91\cdot10^{-10}$	$2{,}95\cdot10^{11}$
9	$4{,}23\cdot10^{-10}$	$4{,}21\cdot10^{11}$
10	$4{,}98\cdot10^{-10}$	$1{,}13\cdot10^{12}$
R_0 / Ω	$2{,}57\cdot10^{12}$	

A.4 Empirische Ermittlung des Verschiebungsfaktors

Die für eine Bestimmung des Verschiebungsfaktors angewandte Vorgehensweise wird in diesem Abschnitt vorgestellt.

Durch schrittweise Annäherung der verschobenen Kurve an die gemessene kann auf diese Weise ein passender Faktor empirisch ermittelt werden. Durch die Verschiebung zu längeren Zeiten hin, muss der Faktor laut Gleichung (5-6) kleiner als eins sein. Der Startfaktor von α_{50} wurde daraufhin willkürlich auf 0,1 gesetzt, siehe Bild A-5 (links).

Die gestrichelt gekennzeichnete Kurve stellt dabei die verschobene Kurve von 90 °C (schwarz) auf 50 °C (dunkelgrau) dar. Der mutwillig gewählte Faktor ist aber noch nicht klein genug, so dass der Faktor auf 0,01 angepasst wurde, Bild A-5 (rechts).

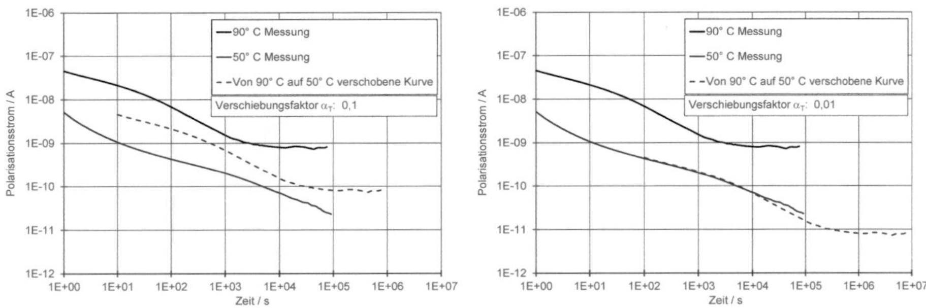

Bild A-5: Durchgeführte Polarisationsstrommessungen bei 90 °C (schwarz) und 50 °C (dunkelgrau) und die um den Faktor 0,1 (links) beziehungsweise 0,01 (rechts) verschobene Kurve (gestrichelt) der 90 °C Messung.

Die mit dem Faktor 0,01 verschobene Kurve weist eine sehr große Übereinstimmung mit dem Kurvenverlauf der realen Materialmessung auf. Zur Verfeinerung des Ergebnisses wird der Verschiebungsfaktor in diesem Bereich erneut angepasst und die Ergebnisse in Bild A-6 verglichen.

Im diesem Bild ist oben links die Verschiebung bei einem Faktor von 0,008 zu sehen, daneben ist der bereits in Bild A-5 (rechts) gezeigte Faktor 0,01 erneut dargestellt. In der unteren Reihe sind links der Faktor 0,012 und rechts der Faktor 0,015 eingestellt.

Bei dem eingestellten Faktor von 0,008 ist der Verlauf der verschobenen Kurve stets unterhalb der realen Messkurve. Der Faktor 0,01 führt zu einer Kurve, welche den Kurvenverlauf zu Beginn sehr gut nachbildet, gegen Ende ist sie aber unterhalb des realen Verlaufs. Die mittels 0,012 verschobene Kurve zeigt zu Beginn einen zu hohen Wert, und gegen Ende einen zu niedrigen Wert. Die Kurve welche durch den Faktor von 0,015 erzeugt wurde stellt ebenfalls zu Beginn einen zu hohen Stromwert dar, gegen Ende fällt der Wert aber auch hier unter die gemessene Kurve.

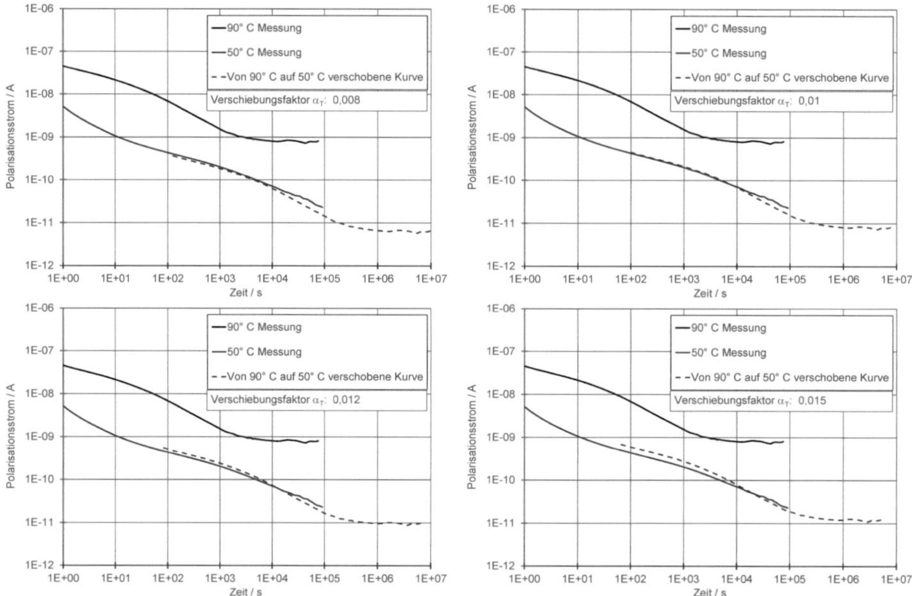

Bild A-6: Übersicht über die durch die möglichen Verschiebungsfaktoren von 90 auf 50 °C sich ergebenden Kurven im Vergleich mit den Materialkurven bei den entsprechenden Temperaturen. Von oben links nach unten rechts sind dabei die folgenden Werte für α_T gewählt: 0,008, 0,01, 0,012 und 0,015.

Die oben durchgeführten Betrachtungen schließen die Verwendung des Faktors 0,008 aus, da sämtliche Werte zu niedrig liegen somit der Faktor zu klein gewählt wurde. Auch der Faktor 0,015 kann ausgeschlossen werden, da die Anfangswerte deutlich zu hoch liegen. Bei der Wahl zwischen den beiden Faktoren 0,01 und 0,012 fällt die Entscheidung zugunsten des Faktors 0,01 aus. Obwohl der Faktor 0,012 den Endbereich und somit den vermeintlichen Isolationswiderstand der realen Messung besser annähert bildet der Faktor von 0,01 anscheinend die Polarisationseffekte im Kurvenverlauf besser nach und ist in weiten Teilen identisch mit der realen Messung.

Zur Berechnung der Aktivierungsenergie in Abschnitt 5.2 kann somit der gewählte Faktor $\alpha_{50} = 0,01$ verwendet werden.

Anhang B - Berücksichtigung parasitärer Eigenschaften

Dieser Anhang enthält zwei der prinzipiellen Probleme, welche bei der Messung von Leitfähigkeiten und Potentialdifferenzen auftreten können.

B.1 Querströme

In Bild B-1 ist eine schematische Darstellung von möglichen Oberflächenströmen der Anzapfungen der Steuerbeläge untereinander in radialer bzw. axialer Ansicht zu sehen. Denkbar sind vor allem Oberflächenströme von den Anzapfungen direkt zum Leiterrohr, in der Zeichnung mit HS bezeichnet, bzw. zum Erdbelag hin.

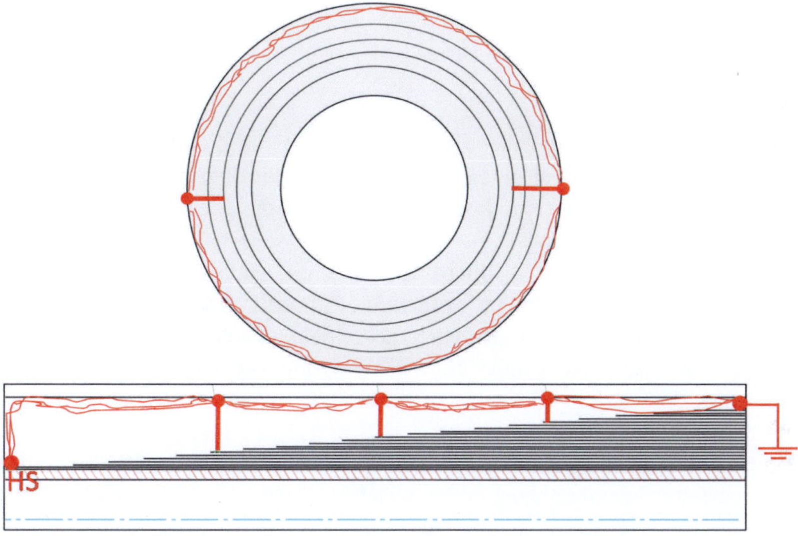

Bild B-1: Schematische Darstellung auftretender Oberflächenströme in radialer (oben) und axialer (unten) Ansicht.

Die prinzipielle Problematik von Oberflächenströmen lässt sich noch einmal verdeutlicht in Bild B-2 erkennen. Hierbei wurden schematisch die Widerstände der einzelnen Elemente in die axiale Schnittansicht eingefügt, zur Erklärung der Symbolik siehe hierzu Kapitel 6.1. Zusätzlich dazu ist von jeder Anzapfung ein Oberflächenwiderstand zur nächsten Anzapfung bzw. zum Leiter oder zum Erdbelag - hier durch ein Erd-Symbol veranschaulicht - eingezeichnet. In der Realität ist von jeder Anzapfung eines Steuerbelages zu den beiden weiteren Anzapfungen sowie zum Leiter und zum Erdbelag hin jeweils ein unbekannter und schwer zu bestimmender Oberflächenwiderstand vorhanden. Da unter diesen Voraussetzungen der Einfluss auf die Messungen praktisch nicht abzuschätzen ist, wird auf Potentialmessungen unter 50 °C verzichtet.

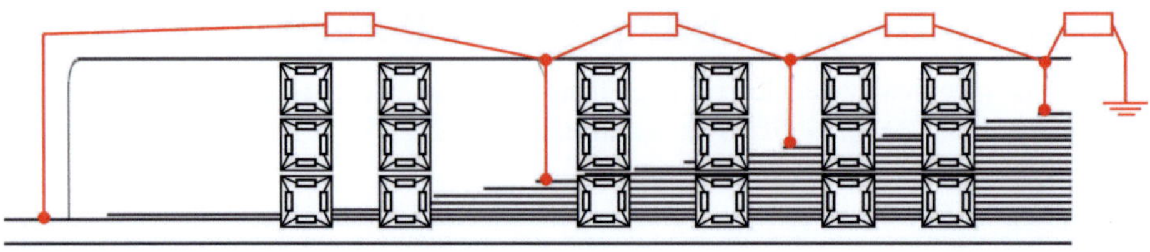

Bild B-2: Prinzipielles Schaltbild zum Auftreten von Oberflächenströmen bzw. Oberflächenwiderständen.

B.2 Streukapazitäten

Um negative Einflüsse auf die Ergebnisse von Messungen möglichst ausschließen zu können, ist es bekannt, dass eine Beeinflussung des Messobjektes gering gehalten werden muss. Dies wird in der Regel durch einen hochohmigen Messabgriff erreicht.

In der Hochspannungstechnik ist es allerdings sinnvoll, sich nicht nur auf den Eingangswiderstand von Messgeräten zu verlassen. Für eine störungsarme Messung müssen aufgrund von hohen Spannungen auch gekoppelte Kapazitäten berücksichtigt werden. Neben den Streukapazitäten muss auch die Eingangskapazität des Messaufbaus berücksichtigt werden.

Für die in Kapitel 4.3 vorgestellte Messung wird exemplarisch aufgezeigt, welchen Einfluss parasitäre Streukapazitäten haben können, und in welcher Höhe sie in diesem Fall ungefähr auftreten.

Anmerkung: Die in diesem Fall geschilderten Berechnungen erheben keinen Anspruch auf Richtigkeit, sie stellen lediglich eine ungefähre Abschätzung der auftretenden parasitären Kapazitäten dar. Eine tatsächliche Berechnung der auftretenden Luftstreukapazitäten wird an dieser Stelle nicht vorgenommen. Die Abschätzung soll vielmehr auf das generelle Problem der Streukapazitäten hinweisen, und den Einfluss, welchen sie auf Messungen haben können.

Für den Prüfkörper gilt es dabei neben der Eingangskapazität des Messgerätes auch noch die Luftstreukapazität der Erde gegen den Prüfkörper, und die des Messkabels gegen Erde zu berücksichtigen, siehe Bild B-3.

Laut Herstellerangabe [Klei01] besitzt der für die Messungen mit dem Rotationsvoltmeter verwendete Hochspannungsmesskopf HMK40 eine Eingangskapazität von 10 pF.

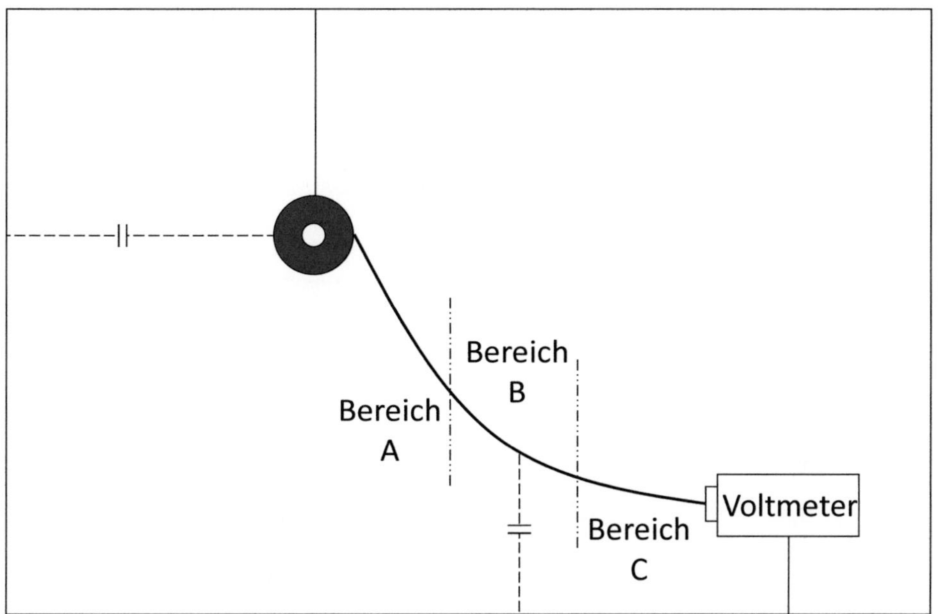

Bild B-3: Schematischer Messaufbau mit eingezeichneten Streukapazitäten.

Für die Luftstreukapazität kann näherungsweise Gleichung (B-1) für eine Zylinderkapazität verwendet werden.

$$C_{\mathrm{Zyl}} = 2 * \pi * \varepsilon_0 * \varepsilon_r * \left(\frac{l}{\ln(\frac{r_a}{r_i})} \right) \tag{B-1}$$

Hierbei wird das ε_r der Luft auf 1 gesetzt. r_a bzw. r_i stehen für den äußeren bzw. inneren Durchmesser und die Länge wird mit dem Formelzeichen l angegeben.

Bei Umsetzung auf den Prüfkörper bedeutet dies, dass die zu berücksichtigende Länge l für einen Einfluss der Streukapazitäten die eigentliche Steuerstrecke ist in welcher die Abstufung des Potentials vorgenommen wird. Die Bereiche, bei denen die Steuerbeläge nicht vorhanden sind, beziehungsweise durch den Erdbelag abgeschirmt werden sind für diese Betrachtung irrelevant. Die Steuerstrecke trafoseitig hat eine ungefähre Länge von 0,2 m und die freiluftseitige Steuerstrecke misst ungefähr 0,6 m wodurch sich eine beeinflussbare Länge von 0,8 m ergibt. Der Durchmesser der Durchführung beträgt 0,06 m und der Abstand zum Boden, bzw. zur Wand beläuft sich auf 0,8 m.

Für den gesamten Prüfkörper ergibt sich damit eine Streukapazität von 17,2 pF. Aufgeteilt auf die drei vorhandenen Potentialabgriffe an den Steuerbelägen fällt somit eine rechnerische Streukapazität von 5,7 pF je Abgriff an.

Die Streukapazität des den Prüfkörper mit dem Rotationsvoltmeter verbindenden Messkabels von 17 pF wird durch eine Teilung des Kabels in die drei Bereiche A, B und C realisiert. Durch das durchhängende Messkabel werden dabei unterschiedliche Abstände des Kabels zum Boden realisiert. Das Messkabel hatte zusammen mit dem Anschlusskabel des Steuerbelags eine Länge l = 1,2 m bei einem Leiterquerschnitt von 1 mm^2 ergibt sich somit ein Leiterradius von 0,6 mm. Bereich A hat damit eine Länge von 0,4 m und hat einen Abstand von ungefähr 0,6 m zur Erde. Bereich B hat dieselbe Länge und einen Abstand zur Erde von etwa 0,4 m, Bereich C ist gleich lang und hat einen Anstand zur Erde von ca. 0,2 m, da der Eingang des Rotationsvoltmeter auf ungefähr 0,15m sitzt. Hierdurch ergeben sich die Teilkapazitäten der Bereiche zu 4,8 pF, 5,3 pF und 6,9 pF, siehe auch Tabelle B-1.

Tabelle B-1: Übersicht über die im System vorhandenen parasitären Kapazitäten.

Bezeichnung:	Rotations-voltmeter	Prüfkörper (ein Abgriff)	Kabel (Bereich A)	Kabel (Bereich B)	Kabel (Bereich C)
Kapazität / pF	10	5,7	4,8	5,3	6,9
Summe / pF	32,7				

Bei Zusammenfassen aller vorhandenen parasitären Streukapazitäten entsteht somit eine zusätzliche Belastung von 32,7 pF je Messzweig.

Welchen Einfluss diese Kapazitäten auf die Messungen haben können, soll bei Betrachtung der Simulation einer angenommenen Messung mit drei parallelen Rotationsvoltmetern gezeigt werden. Für Bild B-4 und Bild B-5 wurden die Simulationen jeweils mit dem Polarisationsmodell durchgeführt, für Bild B-6 wurden diese mit dem R_0/C_0-Modell vorgenommen.

Höhere Streukapazitäten können leicht auftreten, beispielsweise wird bei einem geringeren Abstand Erde-Prüfwickel von nur 0,5 m und Verwendung eines 2 mm^2 Anschlusskabels mit 2 Metern Länge die Streukapazität auf etwa 50 pF angehoben.

In Bild B-4 wird der Vergleich zwischen den Messungen (durchgezogene Linien), der Simulation mit dem Polarisationsmodell ohne berücksichtigte Streukapazitäten (lang-gestrichelte Linien), der Simulation mit einer Streukapazität von 32,7 pF pro Abgriff (gepunktete Linien) und der Simulation mit einer Streukapazität von 50 pF pro Abgriff (kurz-gestrichelte Linien) durchgeführt. Dabei kann man erkennen, dass der Verlauf der drei verschiedenen Simulationen ab einem Zeitpunkt von ca. 3.000 Sekunden bei dem jeweiligen Potentialabgriff übereinstimmt. Die größten Unterschiede ergeben sich etwa den ersten 100 Sekunden, danach beginnen die Kurven des jeweiligen Potentials sich einander anzunähern. Die Berücksichtigung einer Streukapazität verschiebt die simulierte Kurve noch etwas näher an den Verlauf der durchgeführten Messungen direkt nach Zuschalten heran. Die Streukapazitäten beeinflussen anscheinend die kapazitive Verteilung, haben aber keinen Einfluss auf die resistive Verteilung der Potentiale. Der Unterschied zwischen den Messungen und den Simulationen beim transienten Übergang zwischen ungefähr 100 und 10.000 Sekunden wird durch eine Berücksichtigung von Streukapazitäten allerdings nicht in relevanter Höhe verringert. Die Streukapazitäten wurden hierbei an allen Potentialabgriffen angenommen.

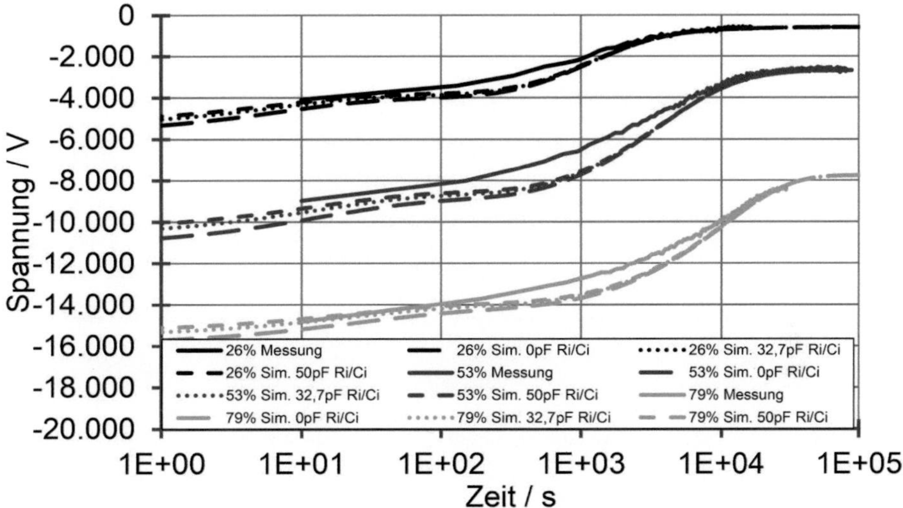

Bild B-4: Vergleich der Messungen (durchgezogene Linien) mit den durchgeführten Simulationen mit dem Polarisationsmodell ohne Berücksichtigung einer Streukapazität (lang-gestrichelt) und mit Berücksichtigung einer Streukapazität von 32,7 pF (gepunktet) bzw. von 50 pF (kurz-gestrichelt).

Anmerkung: Die Messkurven beginnen erst ab einer Zeit von 10 Sekunden, dies resultiert aus der bereits im Rotationsvoltmeter durchgeführten Bildung eines Mittelwertes zur Reduktion der anfallenden Daten. Weiterhin wurde die Mittelwertbildung durchgeführt, um die stark schwankenden Einzelwerte der Messung zu einer von Schwankungen weitgehend bereinigten Messkurve zusammenzufassen.

Für die in Kapitel 4.3 durchgeführten elektrischen Potentialmessungen, bei welchen nur ein Rotationsvoltmeter zur Verfügung stand, trat die geschätzte Streukapazität von 32,7 pF dementsprechend nur an dem jeweiligen Messabgriff zu Vorschein, die jeweils anderen Abgriffe wurden nur mit der anfallenden anteiligen Luftstreukapazität von 5,7 pF belastet.

Die in Bild B-5, im Vergleich zu den Messungen und der ohne Berücksichtigung einer Streukapazität durchgeführten Simulation, zu sehende Simulation versucht dabei die bei der Messung vorhandenen realen Bedingungen, wie oben erwähnt, nachzubilden. Auch hier beeinflussen die Streukapazitäten die Messung nur im Bereich der kapazitiven Verteilung, der transiente Verlauf wird hierdurch nicht wesentlich besser abgebildet.

Die getroffene Aussage über den Einfluss hat auch Gültigkeit bei Betrachtung des R_0/C_0-Modells. In Bild B-6 ist der Vergleich zwischen der Messung, einer Simulation mit dem R_0/C_0-Modell ohne Berücksichtigung von Streukapazitäten und einer Simulation mit dem R_0/C_0-Modell, bei Berücksichtigung von 32,7 pF an allen Messabgriffen.

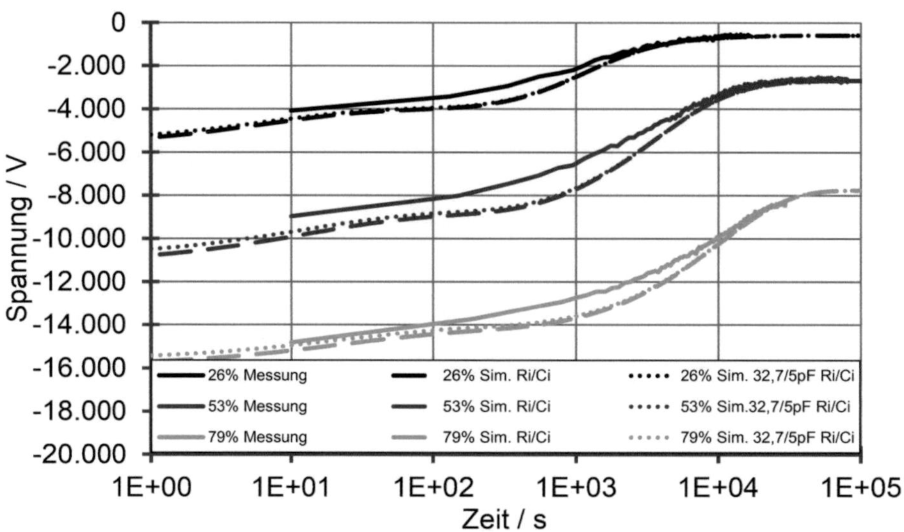

Bild B-5: Vergleich zwischen Messung (durchgezogene Linien) und Simulation mit dem R_i/C_i-Modell ohne Berücksichtigung (gestrichelt) der geschätzten Streukapazitäten und mit (gepunktet).

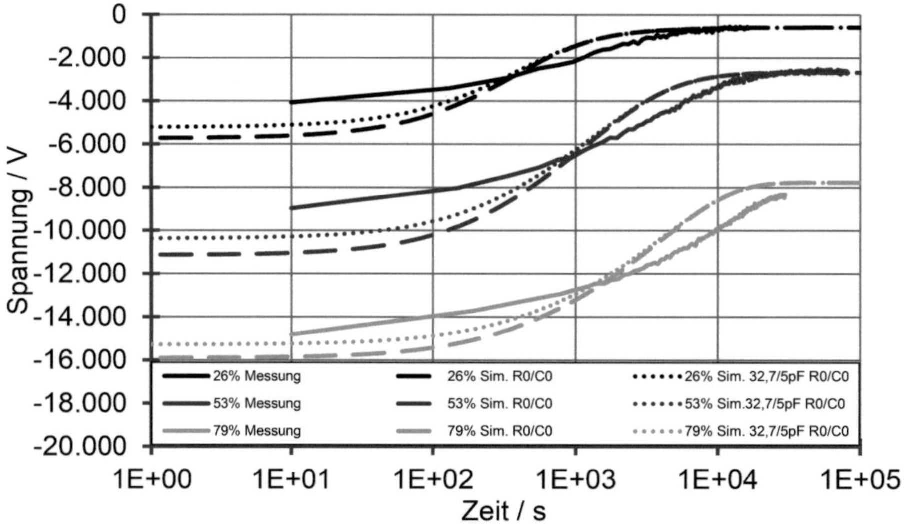

Bild B-6: Vergleich zwischen Messung (durchgezogene Linien) und Simulation mit dem R_0/C_0-Modell ohne Berücksichtigung von möglichen Streukapazitäten (gestrichelt) und mit (gepunktet).

Zusammenfassend scheint eine Berücksichtigung der Streukapazitäten in der geschätzten Höhe auf die Genauigkeit der Simulationen in diesen Fällen keinen merklichen Einfluss zu haben. Dennoch sollte bei Messungen darauf geachtet werden, dass Streukapazitäten abgeschätzt und die Wirkung bedacht wird, falls die Umstände eine Berücksichtigung erfordern.

Anhang C - Simulation einer „harten“ Umpolung

Die in Abschnitt 8.2 gezeigte Simulation einer Umpolung fand mit einer Erdungszeit von 180 Sekunden statt. In Bild C-1 ist das Ergebnis einer identischen Simulation, allerdings ohne eine zwischenzeitliche Erdung dargestellt. Die Überhöhung des Potentials fällt dementsprechend leicht höher aus, die maximale Spannung am Steuerbelag 15 beträgt nun minimal unter 24 kV, anstelle von 22,4 kV im Fall mit der 180 Sekunden langen Erdung. Der im Falle einer 180 Sekunden währenden Erdungsphase auftretende Spannungsabfall von 1,6 kV spiegelt sich in der Differenz zwischen den beiden maximalen Spannungen wieder. Die kurzzeitige Erdung entlastet demzufolge den Steuerbelag 15 in der entsprechenden Höhe, die Belastungen der anderen Potentialabgriffe verhalten sich ähnlich zu dem beschriebenen Verhalten.

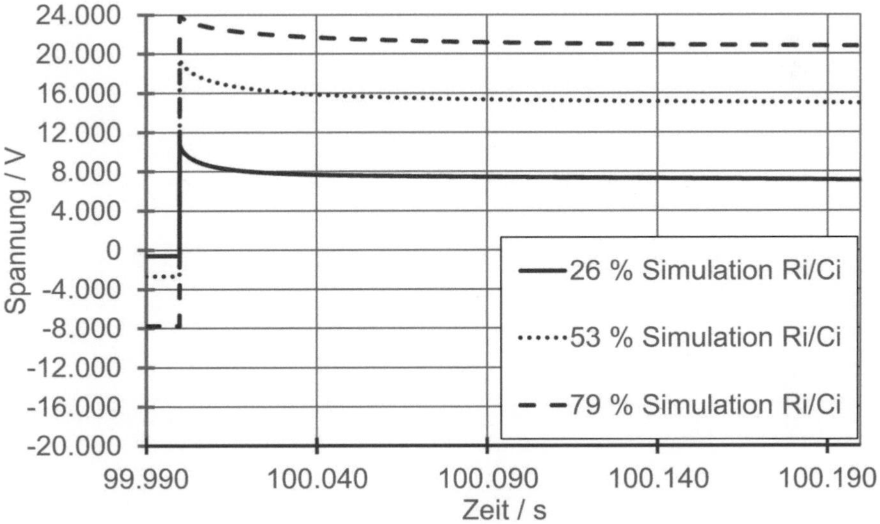

Bild C-1: Simulation einer Umpolung ohne eine zwischenzeitliche Erdung.

Auch wenn in diesem Fall sich die Belastung direkt nach dem Umpolen scheinbar nicht in ähnlich starker Weise verschiebt, wie es im Endzustand der resistiven Aufteilung der Fall ist, entsteht dennoch eine erhöhte Belastung. Diese erhöhte Belastung tritt aber nun im Inneren, in den wärmeren Bereichen deutlich stärker zutage, im Gegensatz zur Potentialverschiebung durch die thermischen Effekte wo die Belastung in die kühleren Bereiche verschoben wurde. Hier wird nun der Bereich zwischen dem Leiter und dem 5. Steuerbelag anstelle mit einer Spannungsdifferenz von 5 kV nun mit etwa 10,7 kV, also dem doppelten der Auslegungsbelastung, beansprucht. Auch der Bereich zwischen dem 5. und dem 10. Steuerbelag wird anstelle mit 5 kV nun mit der höheren Differenz von 8,7 kV belastet. Die beiden äußersten Bereiche zwischen dem 10. und dem 15. Steuerbelag, bzw. dem 15. Belag und dem Erdbelag werden etwas entlastet und mit 4,5 kV bzw. 4,0 kV beaufschlagt.

Zusammenfassend ist festzustellen, dass die erhöhten Belastungen bei einer Umpolung nicht in den kühleren Bereichen, wie beim stationären Endzustand, sondern in den wärmeren Bereichen im Inneren der Durchführung stattfinden. Diese erhöhte Belastung hat allerdings ungefähr das gleiche Niveau wie die Belastung im stationären Endzustand, wenn diese hier auch nur kurzzeitig auftritt, und man sollte sich ihrer bewusst werden und sie nicht vernachlässigen.

Je länger die Erdungsphase zwischen den beiden Polaritäten ist, desto geringer fällt die Spannungsüberhöhung aus, da sich die Ladungen im Dielektrikum und somit die entstandenen Potentiale gemäß den vorhandenen Zeitkonstanten abbauen.

Anhang D - Umpolverhalten an einem vereinfachten vierlagigen Modell

Die Herleitung der für die Spannungsüberhöhung beim Umpolvorgang verantwortlichen Ladungen bei Verwendung eines Modells mit vier *RC*-Gliedern wird in diesem Abschnitt kurz vorgestellt. Die eigentliche Erläuterung des Effektes fand anhand des Modells mit drei *RC*-Gliedern bereits in Abschnitt 8.2.2.3 statt. Dennoch soll hier der geschilderte Fall mit vier *RC*-Gliedern dargestellt werden, da nun ähnlich wie beim verwendeten Simulationsmodell drei Potentiale zwischen den einzelnen Schichten vorhanden sind. Die hier gezeigten Bilder basieren auf der Modellvorstellung nach Bild 8-6.

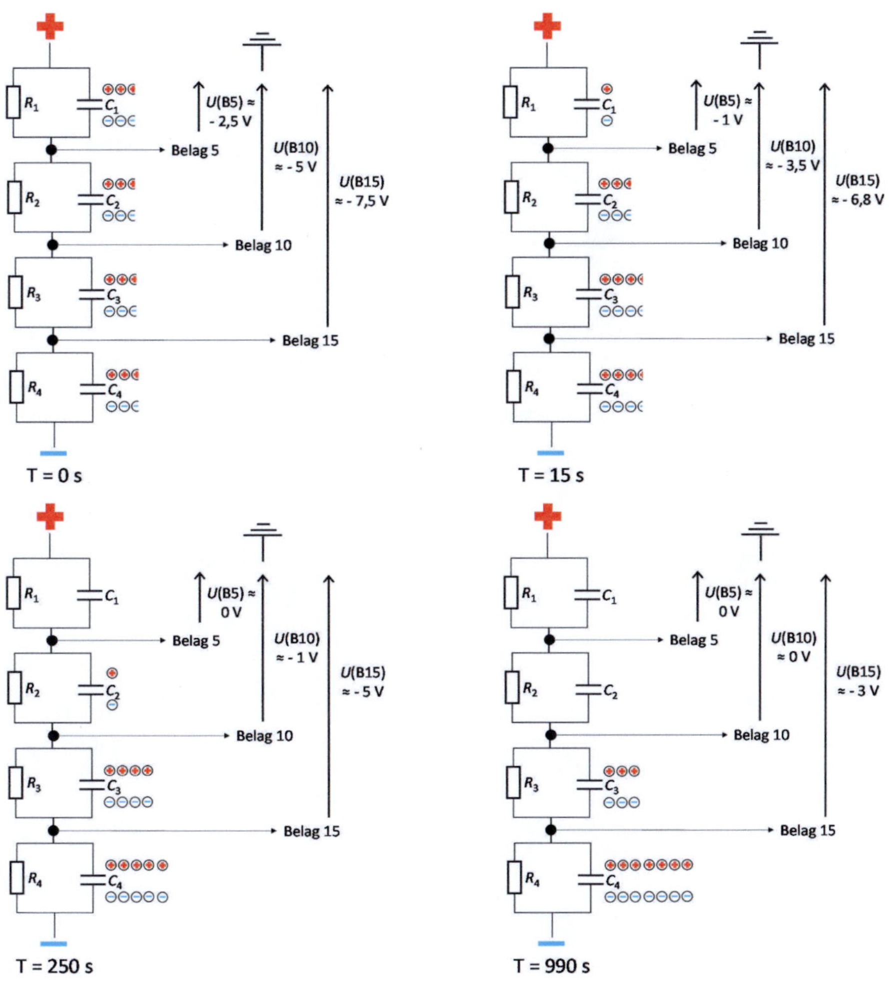

Bild D-1: Visuelle Darstellung der Ladungsträger bei vier *RC*-Gliedern nach Anlegen eines Spannungssprunges.

In Bild D-1 werden die Ladungen während der Phase der ersten Polarität gezeigt. Gut erkennbar ist, dass sich die Ladungen langsam nach außen, in Richtung des kühleren Bereiches, verschieben.

Bild D-2 zeigt dann den eigentlichen Umpolvorgang. Zuerst wird der Ausgangszustand erneut gezeigt, dann folgt die Umpolung in zwei Schritten und das letzte Teilbild zeigt den Zustand nach Umpolung.

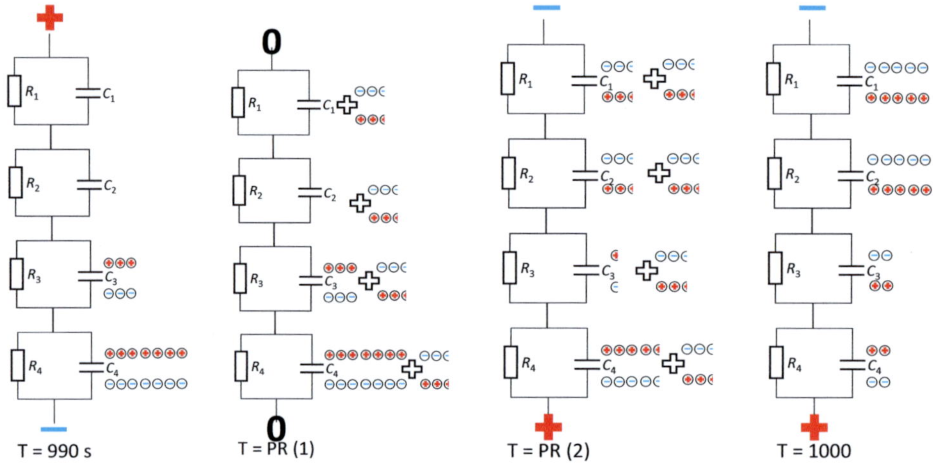

Bild D-2: Visuelle Darstellung der Ladungsträgerverteilung bei der Umpolung in einzelne Schritte aufgeteilt.

Die durch die Umpolung hervorgerufene Ladungsverteilung und den weiteren Verlauf der Umladung während der Phase der zweiten Polarität zu verschiedenen Zeitpunkten wird abschließend in Bild D-3 veranschaulicht.

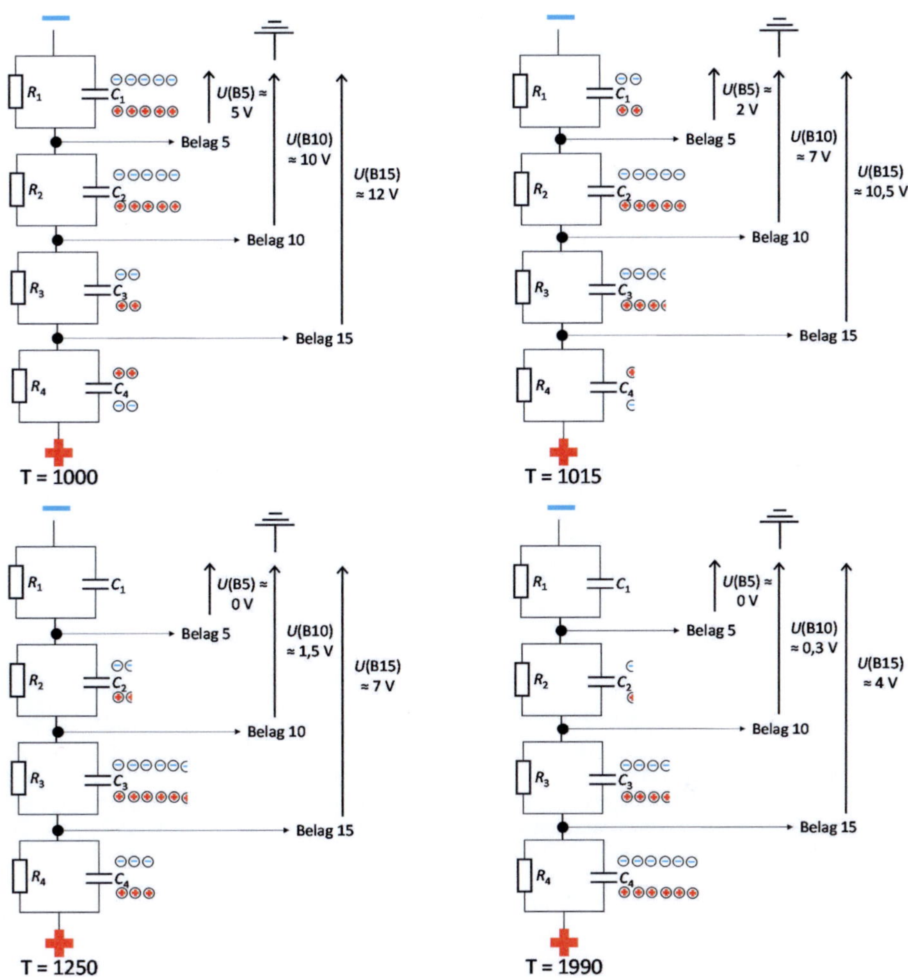

Bild D-3: Visuelle Darstellung der Ladungsträgerverteilung ab dem Zeitpunkt der Umpolung.

Das Ergebnis dieser vereinfachten Simulation mit vier *RC*-Gliedern welches bereits in Bild 8-21 dargestellt wird, ist hier dennoch zum besseren Vergleich erneut in Bild D-4 gezeigt.

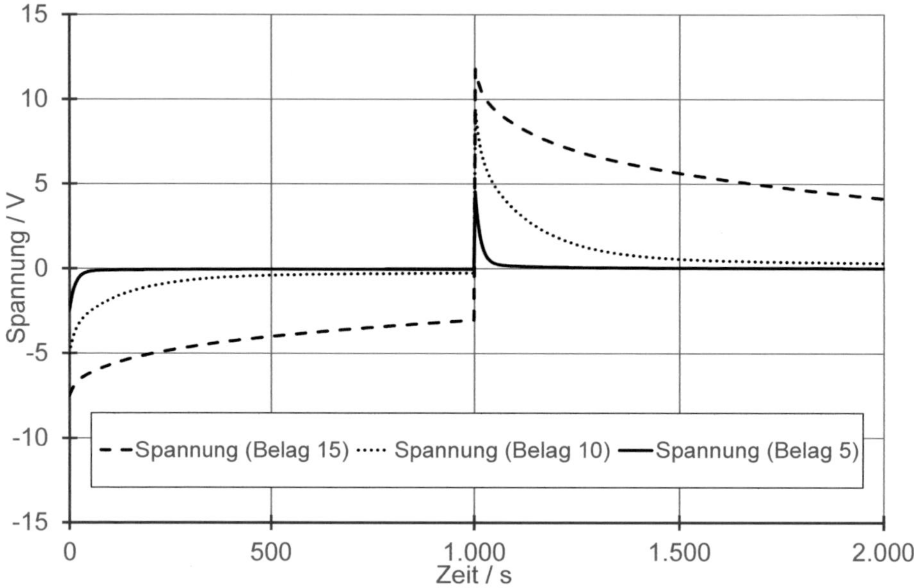

Bild D-4: Darstellung der Simulation des vereinfachten Modells mit vier *RC*-Gliedern.

Anmerkung: Wie im Bild D-4 anhand der noch steigenden, bzw. fallenden Potentialkurven nach 1000 bzw. 2000 Sekunden, zu sehen ist, ist der Polarisationsvorgang und die damit verbundene Umladung in diesem Fall noch nicht komplett abgeschlossen. Die maximal mögliche Spannungsüberhöhung wird deshalb in diesem Fall noch nicht erreicht, dazu müsste die Umladung vollständig abgeschlossen sein. Um die Fälle untereinander vergleichen zu können, wurde dennoch beschlossen die Zeit für eine Polarisationsphase bei 1000 Sekunden zu belassen.